ART 高等院校设计艺术类专业实验教学系列教材
GAODENG YUANXIAO SHEJI YISHULEI ZHUANYE SHIYAN JIAOXUE XILIE JIAOCAI

图像扫描与色彩管理

杨艳平 编著

湖南大学出版社

内容简介

本书分为上、中、下三篇：扫描仪实验、色彩管理实验和鉴赏篇。介绍了扫描仪的基本概念、基本知识及进行扫描实验的基本步骤，特别分析了如何对扫描仪、显示器和打印机进行色彩管理。

本书可作为高等院校设计艺术专业实验教材，亦可作为设计艺术爱好者的参考资料。

图书在版编目（CIP）数据

图像扫描与色彩管理/杨艳平编著. ——长沙：湖南大学出版社，2012.1

高等院校设计艺术类专业实验教学系列教材

ISBN 978-7-5667-0094-0

Ⅰ.①图…Ⅱ.①杨…Ⅲ. ①印刷色彩学-高等学校-教材

Ⅳ.①TS801.3

中国版本图书馆CIP数据核字（2012）第007626号

图像扫描与色彩管理

Tuxiang Saomiao yu Secai Guanli

编　　著：杨艳平

责任编辑：胡建华　胡　玥　　责任校对：全　健

责任印制：陈　燕

出版发行：湖南大学出版社

社　　址：湖南·长沙·岳麓山　　邮　　编：410082

电　　话：0731-88821691(发行部),88821251(编辑部),88821006(出版部)

传　　真：0731-88649312(发行部),88822264(总编室)

电子邮箱：hjhhncs@126.com

网　　址：http://www.hnupress.com

印　　装：湖南亚光投资实业有限公司

开　　本：889×1194　16K　　印张：5.25　　字数：121千

版　　次：2012年2月第1版　　印次：2012年2月第1次印刷

印　　数：1~4000册

书　　号：ISBN 978-7-5667-0094-0/J·232

定　　价：30.00元

序 Foreword

中国改革开放后的发展有目共睹，民众从过去的温饱忧虑迈向小康，人们的生活水平与质量得到了极大改善。这其中的变化固然有源于国家政策的引导、经济的发展与科技的进步等方面，另一方面也是品类繁多的产品让我们的生活变得如此丰富，设计改变了人们的生活，改变了世界。与日常生活息息相关的衣食住行，大到摩天大楼与飞机，小到纽扣针线，处处都离不开设计，处处都需要设计。三十多年来，更多人对“设计”有了深刻的认识，接受了“设计”，同时也感到越来越需要“设计”。国家和政府也清晰地看到中国产业要从“中国制造”走向“中国创造”，更需设计创新。

设计产业的发展与需要，也促进了设计人才队伍培养的进步与壮大。据2010年不完全统计，全国半数以上的院校都开设了设计类专业，仅仅艺术设计专业就有900多所院校开设，在校人数达到113万，占所有文科在校生的11%左右；一个学校的招生规模也从过去几十人、几百人增加到上千人。这种快速发展的背后，令人担忧的是师资队伍的良莠不齐、教学观念的陈旧、学生素质的滑坡和学生动手能力的低下，等等。如何改变这种现状、如何提高设计教育的水平已成为设计界乃至教育界普遍关注之焦点。广大设计教育同仁都已认识到规范教学内容的重要性，这样必然涉及教材的编写。尽管近二十多年来设计类的教材不断得以补充与完善，但离因材施教尚有差距，且精品教材尚少。针对以上状况，湖南工业大学结合自己多年来办学的经验与特色，组织了一些骨干教师编撰了该套实验教材，聊以填补国内同类实验教材之空缺，也为培养创新性高级应用型设计人才提供参考。

就产业而言，包装在我国国民经济中的地位日益重要。在我国，2010年包装工业总产值达到12 000亿元，从1980年的第37位上升到位居国民经济各行业的第14位。尽管如此，与欧美、日本等发达国家及地区尚有巨大差距。在发达国家，包装工业总产量在本国国民经济各行业中占据前十位（美国在前五位，德国在前六位）。与国外相比其差距原因固然有我国基础薄弱的一面，但根源在于我国包装设计人才匮乏，尤其需要培养高层次包装设计人才。因此，培养更多适应社会需要的高水平包装设计人才，将是今后一段时期内高等教育不可忽视的重点。考虑到市场与社会所需，我校早在1985年就创办了包装设计专业，在国内较早地探索了包装设计人才培养的模式。值得庆幸的是经过二十多年的发展，我校包装设计艺术学院也在快速成长与壮大，办学层次从过去的大专、本科提升到研究生的培养，依托包装设计专业方向的办学特色与优势，“艺术设计”专业被评为国家特色专业，学院的“包装艺术设计实验教学中心”被评为国家实验教学示范中心。依托国家实验教学示范中心，学院在教学实践中大力倡导“设计工作室（坊）制”的教学模式，在培养设计人才的实践创新能力方面形成了一套具有本校特色的教学机制，建立了一套从课堂、实验室到服务社会的产学研教学链。该套实验教材是学院近几年实验教学的经验积累与总结。在教材的编写中，我们本着理论与实践相结合、艺术与技术相结合的原则，不仅注重教材内容的系统性与适用性，而且强调教材的指导性与针对性，希望得到设计同仁的批评和指正。

“人才之培养，系惟大学教育之责。”（钱穆）设计教育之成效关系到国家今后创新人才的培养质量。这套实验教材以包装设计为切入点，以设计实践为基点，内容翔实，图文并茂，便教易学，必将为设计教育人才的培养提供借鉴。

让我们一起来关注设计，关注设计教育！

中国包装联合会副会长
中国包装联合会包装教育委员会主任
湖南工业大学校长 、教授、博士生导师

2011年11月8日

目次 Contents

上篇
扫描仪实验

课程目的

本实验教学的扫描仪应用课程讲述了扫描仪的基本工作原理，介绍了图像输入、处理到扫描呈现的过程中进行图像扫描的基本操作方法。本课程的学习旨在让学生掌握扫描仪的基本操作，使学生更好地理解本课程所学的理论知识，锻炼学生的动手技能，提高其分析、解决具体问题的能力，从而使学生对扫描仪技术的理解和应用能力达到较高水平。

课程的任务要求

①认真阅读实验指导书，按指导书要求独立进行实验。

②通过实验教学，结合扫描仪设备的相关知识，使学生了解扫描仪的具体操作。

③掌握扫描仪应用的基本操作要领与技术。

④实验过程要严格按照指导书上的程序进行，遵守实验室的规章制度，爱护实验设备。

⑤对实验结果进行分析，写出实验总结、心得体会，完成实验报告。

1 扫描仪概述

1.1 扫描仪的基本概念

1.1.1 认识扫描仪（什么是扫描仪）

扫描仪是一种光、机、电一体化的高科技数字化输入设备，它可以将图像或文稿等转换成计算机能够识别和处理的数字图像文件，其强大的获取信息能力使它成为继键盘和鼠标之后的第三代计算机输入设备。扫描仪的最大优点是：可以像彩色打印机一样，最大限度地保留原稿的风貌，这是键盘和鼠标无法实现的。它主要包括四部分：扫描头、主板、机械结构和附件。

1.1.2 扫描仪的作用

扫描仪和打印机的作用正好相反，扫描仪是把图像、胶片等上面的图形、文字符号输入到计算机中去。它在计算机领域应用很广泛，除桌面排版外，制作照片档案、文字原稿档案和图文传真，甚至包括在国际互联网（Internet）上浏览到的大量图片，都要使用扫描仪。以下列举几项具体作用：

①图像处理。这一功能是任何一种计算机外部设备所不能代替的。每个家庭都保存了不少的照片。若通过扫描仪将其统统录入计算机，而且按时间、人物、事件等制成相应的电子档，或最终制成光盘，不仅非常便于保存和检索，而且也是一件非常有趣的事情。

②文字录入。中西文印刷字体自动录入功能，对“爬格子”的人来说尤为有用。作家、记者等早年发表的文稿多以纸笔形式完成，多年后若想出版选集、全集(或是集中保存)，即可通过扫描仪将其录入计算机，通过OCR软件识别，转换为文本文件，代替人工的键盘录入，效率可高于用上述方法。最后通过相应软件进行辅助翻译，译文的速度也将成倍起高。

③搜集整理资料。搜集并整理诸如文字、图片、图案、标记、标志等资料，最终建立起自己的数据库。作为前端设备，这也是扫描仪的拿手好戏。

④网上冲浪。建立个人特色网页，传送图文兼备的文函，应用扫描仪进行加工制作是举手之劳。

⑤制作个性化作品。年历、贺卡和名片等，往往是购买大批的印刷成品，容易产生千人一面的感觉，这在突出个性的年代已不适应形势。使用扫描仪配合计算机、打印机，自己制作个性鲜明的年历、贺卡、请柬及名片等，则是轻而易举之事。

1.2 扫描仪的分类

扫描仪有很多种，按不同的标准可分成不同的类型。按扫描原理可将扫描仪分为以CCD为核心的平台式扫描仪、手持式扫描仪和以光电倍增管为核心的滚筒式扫描仪；按扫描图像幅面的大小可分为小幅面的手持式扫描仪、中等幅面的台式扫描仪和大幅面的工程图扫描仪；按扫描图稿的介质可分为反射式（纸质材料）扫描仪和透射式（胶片）扫描仪以及既可以扫描反射稿又可以扫描透射稿的多用途扫描仪。本书主要介绍平台式扫描仪和滚筒式扫描仪。

1.2.1 平台式扫描仪

平台式扫描仪又称平板式扫描仪、台式扫描仪，是目前办公用扫描仪的主流产品（图1-1）。平台式扫描仪的优点是占地面积小、售价低廉。平台式扫描仪主要应用在A4和A3幅面，其中又以A4幅面的扫描仪用途最广、功能最强、种类最多、销量最大。经过多年的发展，目前平台式扫描仪的性能已经达到了很高的水平。有些平板式扫描仪还可以加上透明胶片适配器，使其既可以扫描反射稿又可以扫描透明胶片，实现了一机两用。

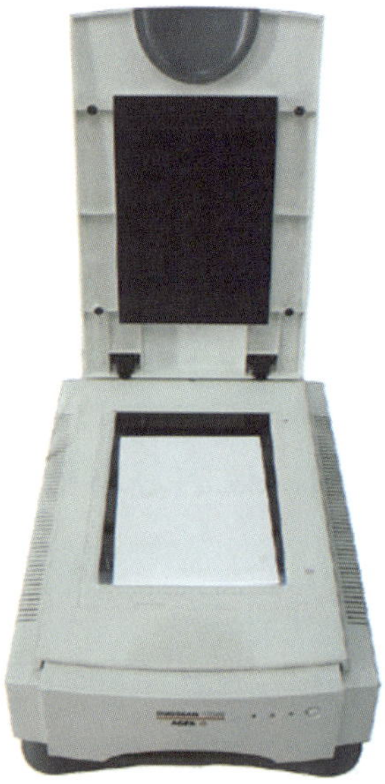

图1-1 平台式扫描仪

1.2.2 滚筒式扫描仪

滚筒式扫描仪是一种专业级扫描仪。其特点是幅面大，且适用于大型工程图纸的输入，主要应用于工程制图、印刷等专业领域。其光学分辨率在1000到8000线之间，色彩位数在24位到48位之间。这种扫描仪使用的感光器件是高性能的光电倍增管，不管其灵敏度还是噪声系数等都遥遥领先于其他感光器件，而且输出信号保持高度的线性输出，从而保证了高度的色彩还原能力。大多数要获取专业高品质的影像，还是以滚筒式扫描仪为最佳选择（图1-2）。综合其功能有以下几点：

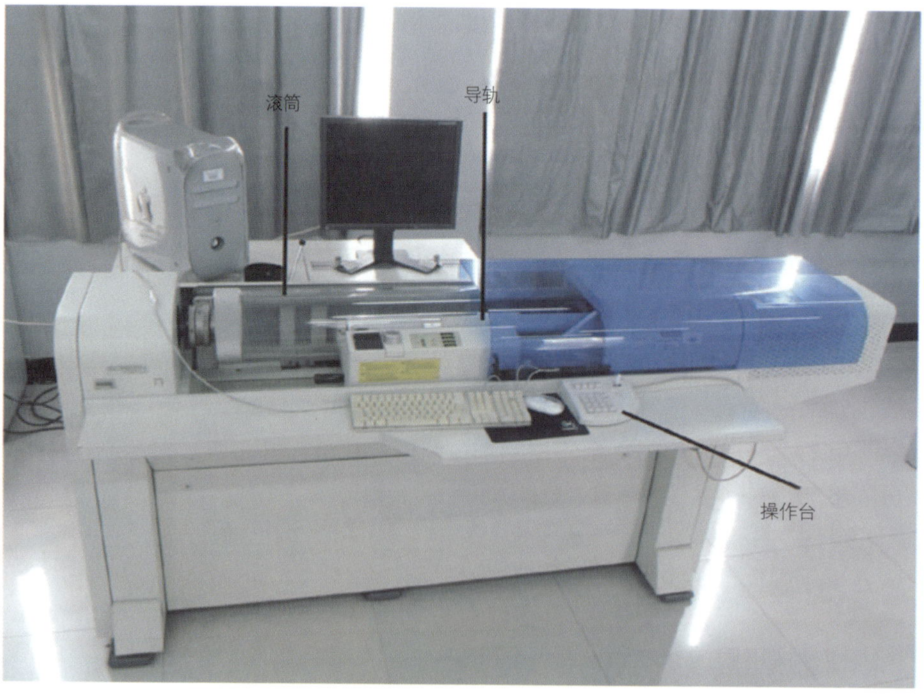

图1-2 滚筒式扫描仪

①动态范围与扫描的明亮度范围非常广。

②使用Photo Multiplier光学感应器能鲜明地重现图像细致的部分，若以CCD光学感应器读取图像则会产生过于软调的情况。

③由于采取专业的抹油等技术，故能做到高倍率、高解析度及高画质扫描。

原稿是卷附在圆形的透明滚筒上，滚筒高速运转。对不透光的反射稿扫描时，光源照射着原稿，然后收录反射出来的讯号；透射稿则由圆筒内的光源透射过底片，再经由接收器收录讯号。两者均是以光电元素接收讯号，再转换成电子信号。

1.3 扫描仪的应用

扫描仪的应用日益广泛，如出版、印刷、广告、办公自动化、多媒体技术、图文数据库、图文通信、工程图纸等都离不开扫描仪。

1.3.1 在印刷领域的应用

印刷出版业对扫描质量要求很高，以前都用价格昂贵的大幅面滚筒式扫描仪，现在随着扫描仪技术的发展，性能完善、高倍镜头及创新技术的专业平台扫描仪已经越来越多地得到专业机构的肯定。它能够产生极佳的色彩还原效果，同时还能够配合平台式扫描仪固有的操作简单、扫描效率高等特点。专业平台扫描仪在报业中正逐步崛起并成为主流。扫描仪在印刷领域的用途和实际意义在于：

①可在文档中组织美术品和图片。

②将印刷好的文本扫描输入到文字处理软件中，免去重新打字之麻烦。

③对印制版、面板标牌样品（该板既无磁盘文件又无菲林软片）扫描录入到计算机中，可对该板进行布线图的设计和复制，解决了抄板问题，提高了抄板效率。

④可实现印制版草图的自动录入、编辑，实现汉字面板和复杂图标的自动录入。

1.3.2 在设计领域的应用

由于各种大型广告的设计与制作都需要用到高质量的图片，这些图片或者从杂志上取材，扫描到电脑里，再经过PS和其他图形工具加工获得；或者专门派摄影人员去拍摄（一般使用专业照相机），拍到的照片需要先扫描到电脑上才能加入到设计中，所以必须使用扫描质量较好的扫描仪。可见广告设计领域需要处理大量图片、照片的扫描，而且还需要支持对胶片的扫描，所以对扫描仪的扫描质量和功能要求很高，一般都要求光学分辨率和色彩位数越高越好，同时还必须具备扫描透明胶片功能的透明胶片扫描适配器。

1.3.3 在办公领域的应用

办公室使用扫描仪，主要是信息录入。一般是将纸质资料转换为电子资料，其中文字录入最为重要。现在政府都大力实行信息化办公，所以需要将大量的文件、表格单转换为电子版。办公室人员一般都把精力花在管理和其他工作上，没那么多时间去研究办公产品的操作，所以对扫描仪的首要要求是简单。无论是安装还是操作，办公一般都要求快节奏，所以速度要跟得上。现在办公使用的基本都是平台式扫描仪，也是扫描仪市场上最常见和销售量最大的产品。从指标上看，这类扫描仪光学分辨率在300dpi—8000dpi之间，色彩位数从24位到48位，扫描幅面一般为A4或者A3。有一部分产品可安装透明胶片扫描适配器用于扫描透明胶片，少数产品可安装自动进纸器实现连续高速扫描。所以总结出办公用扫描仪标准：安装和操作简单、速度快、功能先进、自动化程度高，并要求配备能够识别各种印刷体、手写体、表格甚至能识别中英文混排、图文混排的OCR软件。

2 扫描仪基本知识

2.1 扫描仪的工作原理

了解扫描仪必须要知道其基本的工作原理，这将有利于我们对输入设备性能的更好掌握。本教学内容主要是针对实验教学大纲中所提到的平台式扫描仪和滚筒式扫描仪的工作原理来进行分述。

2.1.1 平台式扫描仪

在学习平台式扫描仪的工作原理之前我们有必要简略了解一下平台式扫描仪的核心技术即分色技术。

(1) 平台式扫描仪的核心技术——分色技术

分色技术是根据产品种类和原稿特点，做前期扫描分色的标准化还原，并与图像处理软件结合，制作出既还原原稿又优于原稿的优质图片。常用的分色技术有如下几种：

①单色CCD分色技术。

单色CCD分色，指的是在一片硅晶体上集成成千上万个光电三极管，成三行排列，分别用红、绿、蓝(RGB)的滤色罩罩住，以实现彩色扫描。这种单色CCD分色技术主要用在数码照相机和数码摄像机中（图2-1）。

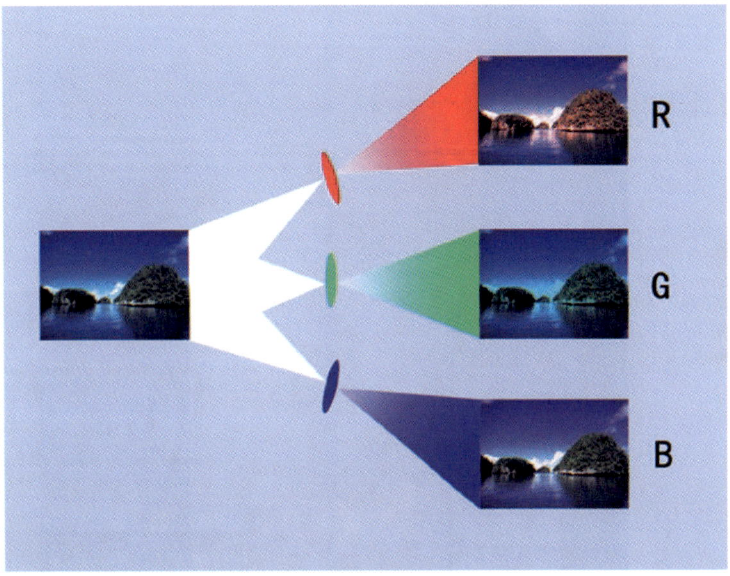

图2-1　单色CCD分色技术

②光源交替分色技术。

光源交替分色技术就是扫描仪采用三个不同的光源，即RGB各一个光源。扫描仪将来自三个不同光源的光从原稿反射出来，以组成一个彩色图像；而CCD装置一线接一线地移动，红、绿、蓝光连续地闪动；在CCD移到下一线之前，它捕捉每个闪光，连续地处理扫描。这种方法需要三种光源，实际上在扫描仪中很少采用。

③彩色CCD分色技术。

彩色CCD分色技术是扫描仪广泛采用的一种分色技术。之所以称为彩色CCD，是因为它实际上是由三个CCD并行安装的。每个CCD的涂层是不同的，一个是涂红色的，一个是涂绿色的，还有一个是涂蓝色的。每束光通过任意涂层进入CCD，则分出RGB三色数据（图2-2）。因此，也称为三线彩色CCD或三

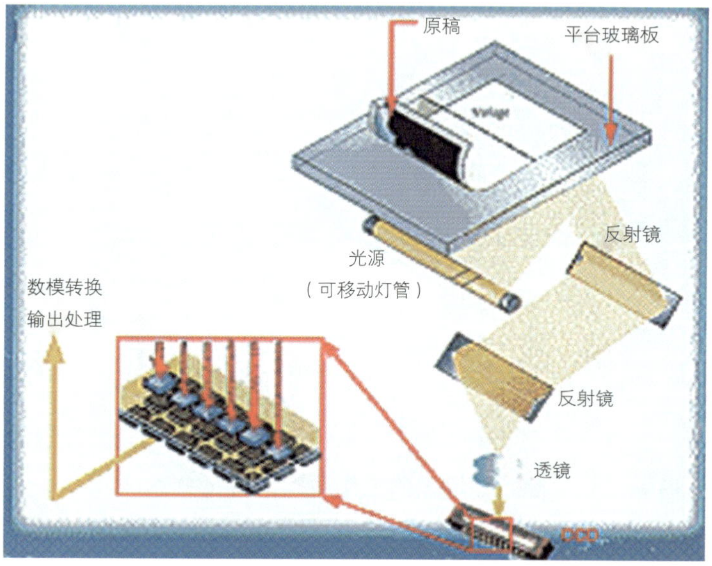

图2-2　彩色CCD分色技术

线CCD。

（2）平台式扫描仪的工作原理

平台式扫描仪的工作原理类似于复印机（图2-3）。它有一个透明的扫描平台，将原稿放在扫描平台上，当扫描反射稿时，扫描仪自身携带的光源照射到准备扫描的图像上。光源经过光学成像系统最终到达电荷耦合器件（CCD）的感光敏元件上，并将每个采样点的光波转换成随光强度的大小而变化的一系列电压脉冲。经过模拟/数字转换器将电压脉冲转换成计算机数字化信息，即图像的数字化。经过数字化处理后，所获取的图像均为数字化图像，可供扫描驱动程序读入这些数据，并重新组织成计算机图像文件，通过接口电路将数字信号送入计算机，供计算机存储、显示、编辑和输出用。

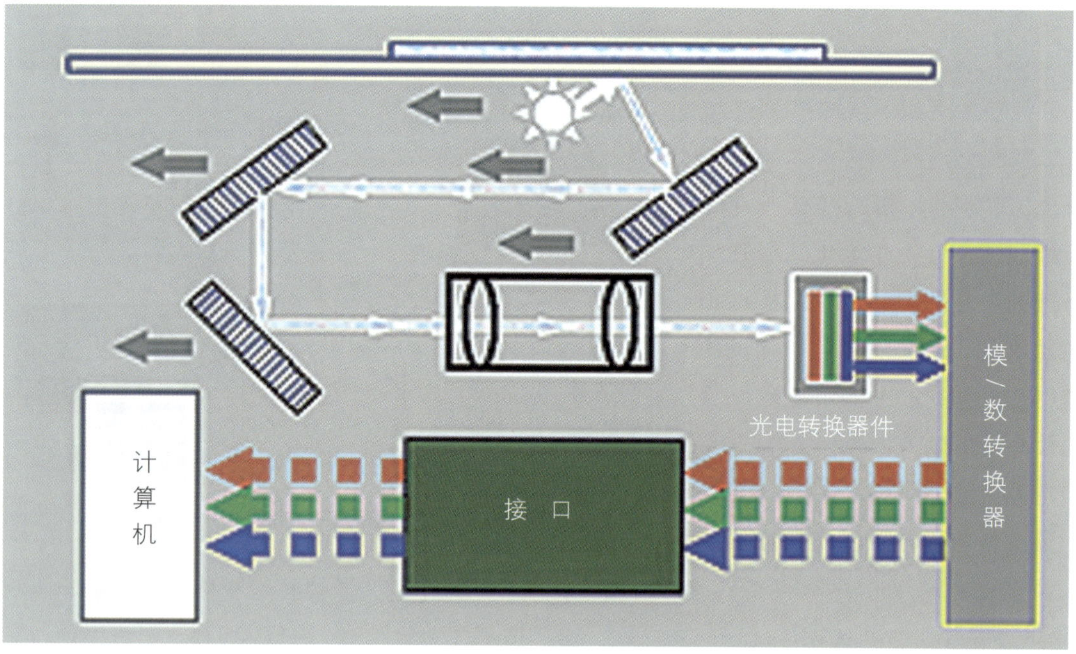

图2-3　平台式扫描仪工作原理

2.1.2 滚筒式扫描仪

滚筒式扫描仪是本课程的学习重点，为了更好地理解滚筒式扫描仪的工作原理，下面我们先介绍一下滚筒式扫描仪的核心技术——光电倍增管。

(1) 滚筒式扫描仪的核心技术——光电倍增管

光电倍增管产生电子光，是由光电阴极和一系列的二次电子发射体做成的倍增电极以及阳极组成的。光电倍增管的性能在各种感光器件中是最好的，其灵敏度、动态范围、噪声系数等都优于其他感光器件，而且它的输出信号在相当大范围内保持着高度的线性输出，使输出信号可以获得准确的色彩还原。光电倍增管的结构如图2-4所示。

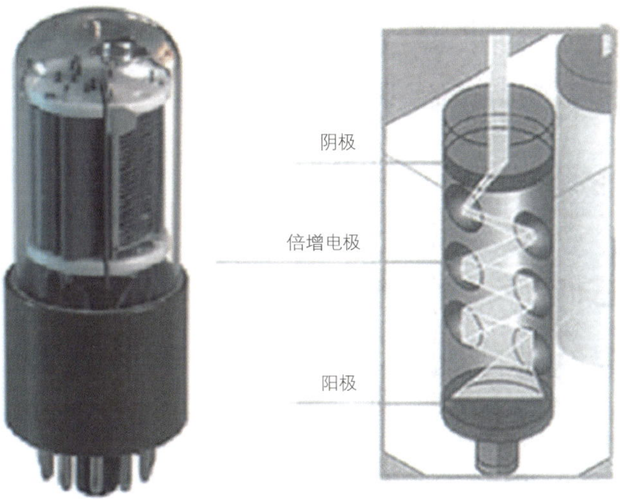

图2-4 光电倍增管结构图

(2) 滚筒式扫描仪的工作原理

滚筒式扫描仪的扫描原理（图2-5）为：在扫描图像时，将原稿贴附在透明滚筒的外表面，滚筒围绕扫描探测单元高速旋转，在探测单元内有一个固定的非常亮的灯作为光源。光源发出的光投射向原稿，光线经过一个很细小的锥形光圈形成的光点在原稿上采样，未被照射的部分是黑的。扫描光点将原稿一次一个像素逐点、逐行地依次扫描，被原稿反射或透射的光线随原稿的色彩和明暗程度而变化。

这个光信号照射到一个安装成一定角度的反射镜上，通过分光镜，将复色光分解成不同波长的单色光，并构成连续的可见光光谱，经过滤色片后，分成三束光分别照射到RGB分色通道的光电倍增管上，再经过光电倍增管转换并放大的电信号，依然随着原稿色彩和明暗程度而变化。然后经过模拟/数字转换器，将获得每个扫描像素点的模拟信号转换成数字信号，并通过接口电路将数字信号送入计算机（图2-6）。

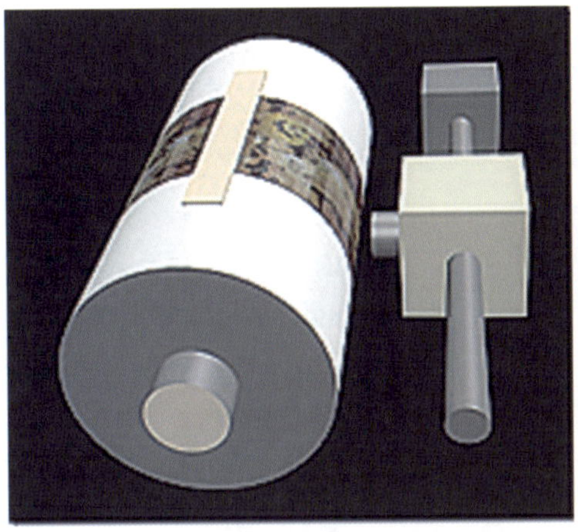

图2-5 滚筒式扫描仪工作原理直观图

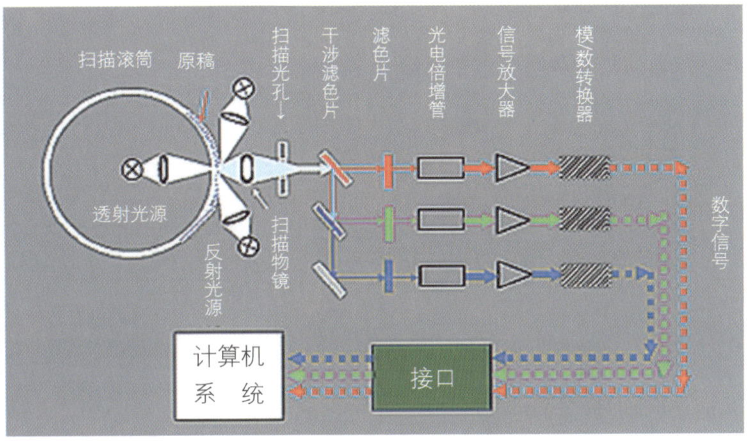

图2-6 滚筒式扫描仪工作原理结构示意图

值得注意的是：滚筒式扫描仪扫描透射稿和扫描反射稿所用的光路是不同的，透射稿的光源是在原稿下部，即滚筒的里面，强光束穿过透射原稿由上部的扫描光头接收传至光电倍增管。而反射稿的光源是在原稿上部，即滚筒的外面，通过聚光镜将光源发射到原稿上，再由扫描光头收集传送到光电倍增管。

2.2 扫描仪的主要性能指标

扫描仪的性能主要是由扫描仪的技术指标决定的，而扫描仪的技术指标主要包括扫描仪分辨率、色彩位数、动态范围、缩放倍率、最大幅面、扫描原稿类型、扫描速度等。

2.2.1 扫描仪的分辨率

扫描仪的分辨率是扫描仪的重要参数，可分为光学分辨率和最大分辨率。

（1）光学分辨率

扫描仪的光学分辨率表示它的光学系统能够达到的最高输入分辨率，因此光学分辨率指的是平台式扫描仪CCD的真实分辨率。光学分辨率又分为水平分辨率和垂直分辨率。水平分辨率与光学系统、CCD的真实分辨率以及硬件设计线路有关。垂直分辨率是根据扫描仪中步进电机在机械设计中每英寸可移动多少步而定的，与机械和传动部分有关，因此垂直分辨率没有水平分辨率重要。一般说的光学分辨率指的是水平分辨率。

（2）最大分辨率

在扫描的标识中还有最大分辨率，如4800dpix4800dPi，9600dPix9600dPi，19200dpix19200dPi等。由于扫描仪的扫描能力取决于水平光学分辨率，如果使用超过最大光学分辨率来扫描原稿，扫描仪则会使用复杂的数学插值法来达到所要求的分辨率。由于是利用数学运算的方法来增加分辨率，实际上并没有增加被扫描原稿的任何信息，因此所增加的分辨率对原稿图像没有任何意义。

最大分辨率是使用光学分辨率扫描后，再通过软件插值法计算得到的，因此也叫插值分辨率。将数据加到一个图像文件中是我们所不希望的，因为插值没有真正增加图像细节，反而使图像看起来模糊。软件插值法使分辨率提得越高，则图像的质量越差，图像文件的容量也越大。

最大分辨率一般用于扫描线条图、黑白图像或文字，由于增加了内插点，可以有效地圆滑及修饰线条图案，从而得到更好的效果。原稿很小需要放大以及扫描底片时，可以使用最大分辨率，以满足放大的需求。

2.2.2 扫描仪的位数

扫描仪的色彩位数也叫色彩深度，即扫描仪采用色彩深度来表达所能捕获图像的色彩（图2-7）。

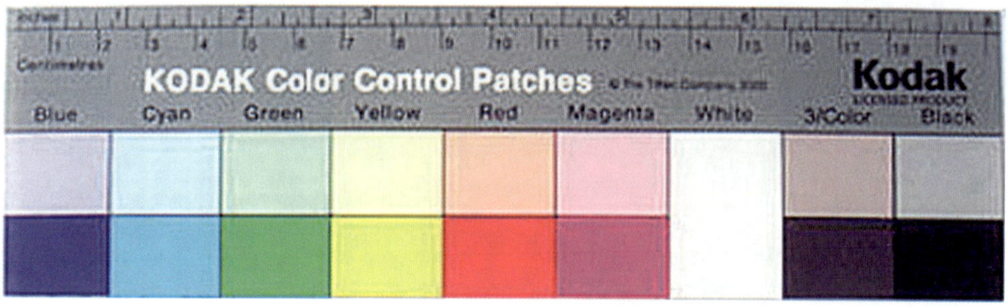

图2-7　色彩控制条可对图像扫描的色彩还原能力进行检测

早期的扫描仪仅有个数，只能记录两个灰度等级，即黑与白。对于彩色扫描仪，扫描仪的色彩位数实际是指采用RGB通道的位数。早期的彩色扫描仪为24位，即红、绿、蓝三个通道各为8位。现在彩色扫描仪已经有30位、36位、42位、48位，它们每个通道的量化数值分别用10位、12位、14位、16位来表示。当色彩深度增加时，扫描仪可以捕获的色彩细节会更多。24位RGB“真”彩色已经是扫描与图像处理的某种标准。

扫描仪所记录的灰度等级也是由扫描仪的色彩位数决定的。所谓灰度等级可用黑白之间灰度不连续层次的数值来表示。

2.2.3 扫描仪的动态范围

为了得到高质量的扫描图像，一个极为重要的方法就是提高扫描仪的动态范围（图2-8）。

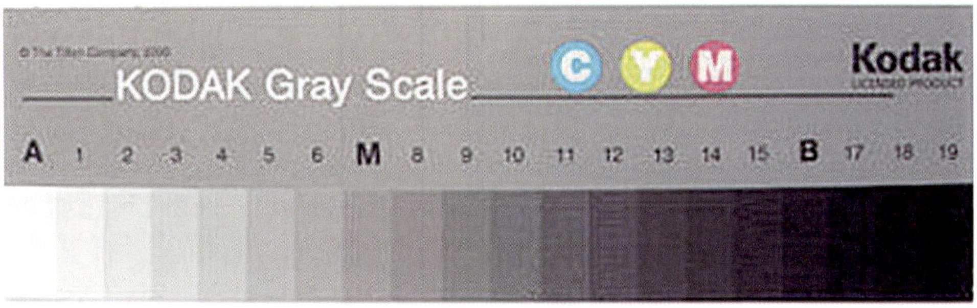

图2-8 灰梯尺可对扫描动态密度范围进行检测

动态范围也叫密度范围或浓度值，是扫描仪所能记录的色调范围，通常是指接近纯白到纯黑的范围，也即扫描仪所能测量到的最亮颜色与最暗颜色之间的差值。

动态范围是描绘扫描仪再现色调细微变化的能力，如一台具有良好动态范围的扫描仪，可以正确地捕捉各种色调的层次并直接输出，此时得到更多的图像细节。而一台动态范围较小的扫描仪，则无法检测到范围足够宽的色调层次，此时，扫描仪将无法分辨出图像的暗部层次，或是损失亮部区域的细节，因而不能正确反映真实色彩。

扫描仪的位数越多，所提供的动态范围越大；同样位数的扫描仪，其动态范围越大，所能表现的层次越多，性能也就越好。

2.2.4 缩放倍率

缩放倍率是指扫描仪对原稿缩小或放大的倍数。在扫描驱动程序中，缩放比例与分辨率是成反比的关系，分辨率越低，图像的缩放比例越大。当使用最大的分辨率时，缩放比例只能小于1。

为了说明缩放的用途，以平台式扫描仪为例（扫描幅面与扫描仪的外形尺寸相差不大），A4幅面是最常见的一种，扫描原稿的原始输入尺寸最大可以是A4（21cm×29.7cm）大小。当然，在扫描范围文本框（直接输入尺寸数字或用鼠标调整）中可以自行设定扫描区域的大小。扫描图像的输出尺寸大小一般通过扫描缩放倍率来控制。部分扫描应用软件有输出尺寸设置，可以得到更为精确的尺寸。采用50%的缩放倍率，扫描输出的图像尺寸会缩小一半，图像分辨率会增加一倍（单位面积中的有效像素点增加一倍）。采用200%的缩放倍率，输出图像的尺寸会放大一倍，但图像分辨率下降，图像变得粗糙。扫描仪的放大倍率设得过高，有些扫描仪会自动启用插值处理，产生的负面影响是使图像的存档文件会成倍加大。在底片扫描时经常采用较大的放大倍率，用以满足客户的放大需求。该类扫描必须设置很高的扫描分辨率，才能保证放大图像单位面积的图像信息量。

2.2.5 扫描原稿

扫描仪扫描的原稿主要是指照片、文字稿、图形和插画等，甚至如硬币、手表和纺织品等三维物件都应归纳为原稿，故统称为扫描原稿。

扫描原稿往往用原稿指标来形容它。原稿指标指的是扫描仪对原稿的适应能力，可用原稿类型、原稿最大尺寸和原稿的最大密度范围等来表示。

（1）原稿类型

原稿类型是指扫描仪是否能扫描的反射稿和透射稿，其中包括彩色原稿、黑白原稿、灰度原稿、线条稿、彩色正片和彩色负片等。

①透射稿。

透射稿指的是能通过透射过原稿的光线来观察的图像，包括各种尺寸的透射片（包括35mm的幻灯片（图2-9）和所有的负片（图2-10））。

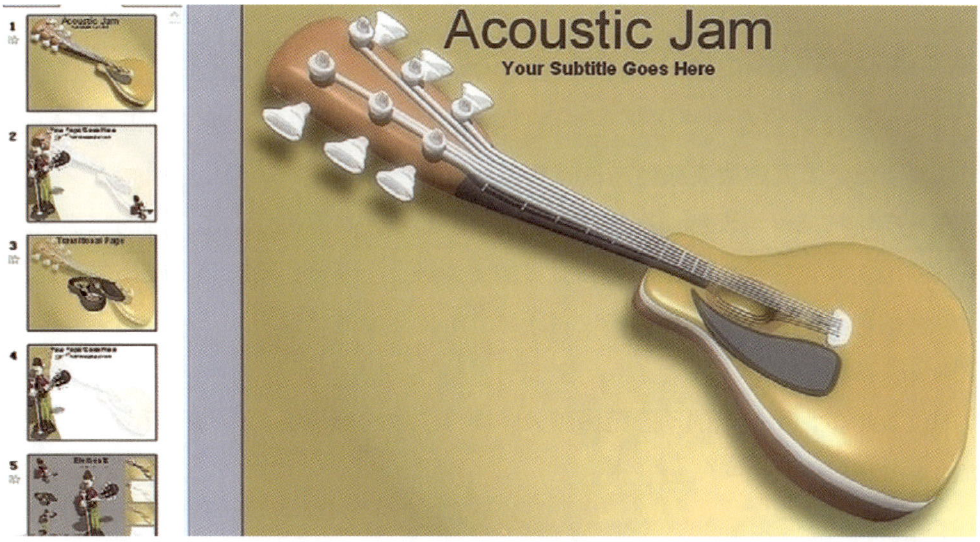

图2-9 幻灯片

图2-10 负片

②反射稿。

反射稿指的是能通过原稿表面的反射光来观察的图像，大量的扫描原稿都是反射稿，如照片、报纸、杂志、书本、画报等（图2-11）。

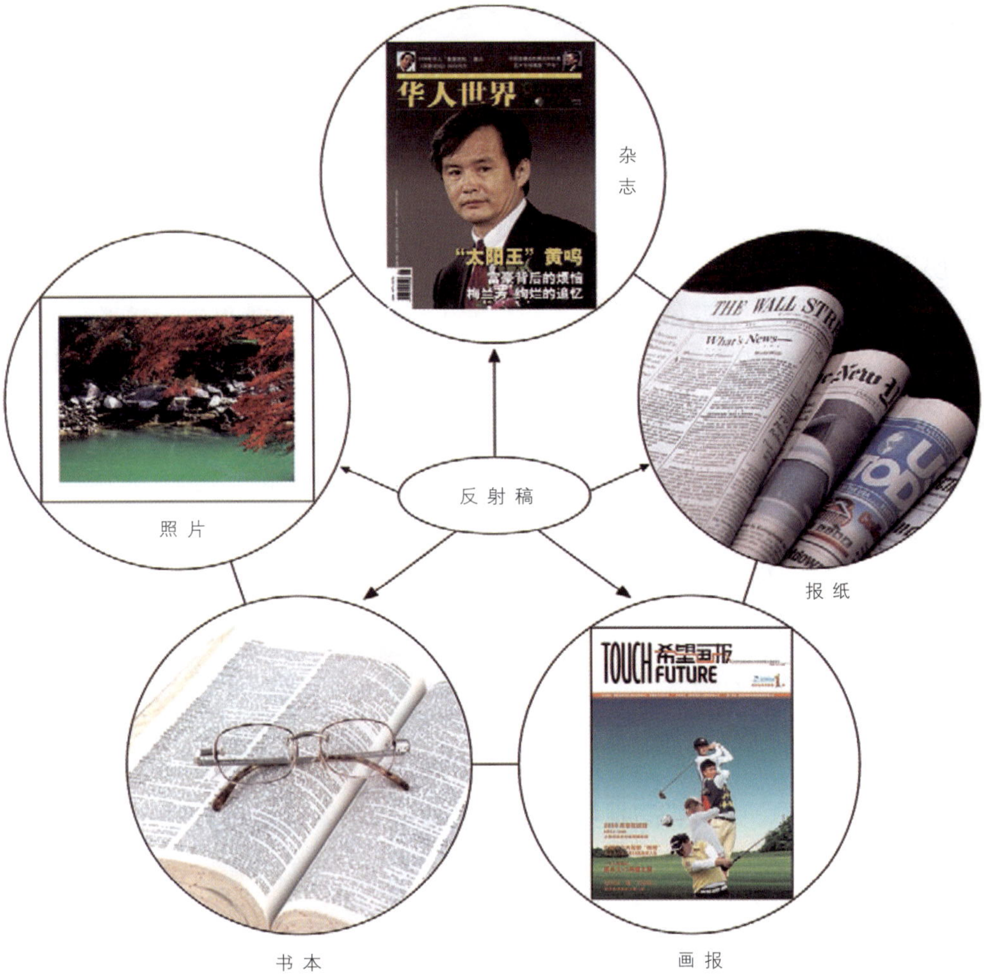

图2-11　反射稿的类型

(2) 原稿最大尺寸

扫描原稿的最大尺寸是指扫描仪所能扫描原稿的最大尺寸，它取决于扫描仪的最大幅面。扫描仪的最大幅面是由扫描仪内部的机构设计和扫描仪的平台尺寸决定的。这个指标对扫描反射稿很重要。因为一般的反射稿，如报纸、工程图纸、画稿等尺寸很大，而扫描仪的平台都有一定的限制，因此有不同幅面的扫描仪。一般常用的平台式扫描仪多为A4幅面、A4加长幅面或A3幅面、A3加长幅面。

透射稿一般尺寸较小，最为典型的尺寸是35mmx35mm、60mmx60mm、60mmx70mm、4英寸x5英寸。具有双平台的扫描仪，扫描透射稿的最大尺寸为8英寸x10英寸、12英寸x18英寸。

（3）原稿的最大密度范围

原稿密度范围，是指原稿中最低密度和最高密度的差值。原稿的最大密度范围是指扫描仪对原稿密度范围的限制，只有在这个密度范围内，扫描仪扫描出的图像才能有很好的层次再现。原稿的密度可通过密度计测量得到，一般印刷品的密度范围为0.06~2.2，反转片的密度范围为0.02~4.0。如果原稿的密度较大，而扫描仪的密度范围不够，扫描出的图像很难再现原稿的层次，所以需要用密度范围较高的扫描仪扫描。

2.2.6 扫描速度

扫描速度可分为预扫描速度和扫描速度。

（1）预扫描速度

预扫描速度一般是指从预扫描开始到预览图像显示在屏幕上的扫描速度。扫描仪在开始扫描原稿时，必须先进行预扫描，以确定原稿在扫描平台上的确切位置。因此，预扫描速度是很重要的。

（2）扫描速度

扫描速度一般是指从扫描开始到图像扫描完成时的速度。有两种表示方法：一种方法是用扫描A4幅面的原稿所用的时间表示，另一种是用扫描仪完成一行扫描所用的时间表示。

扫描速度和图像质量之间存在一定的矛盾。一般情况下，人们总是希望扫描仪速度快，但是扫描仪的工作方式是通过扫描仪的光源并利用一种色彩分离方法和CCD阵列来采集被扫描对象的光信息，它需要一定的时间来获取图像信息，并将该信息传输到计算机图像文件中去。扫描仪速度快当然好，但不能影响图像质量。因此，不是扫描仪的扫描速度越快越好。非常高速的扫描仪，在扫描过程中可能会丢失一些扫描图像信息。有些扫描仪在低分辨率时扫描速度快，但是在高分辨率时扫描速度不一定快。因此，必须在保证质量的前提下，提高扫描仪的速度。如果以牺牲图像质量来换取扫描仪速度的提高，是不值得的。

2.3 扫描仪的使用技巧和维护

2.3.1 扫描仪的使用技巧

使用扫描仪，要想得到较好的扫描图像质量，掌握一定的扫描技巧是很必要的。因为使用同样一台扫描仪，扫描同样一幅图像，有的人扫描出来的图像质量很好，而有的人扫描出来的图像既缺乏层次又偏色，与扫描好的图像相比可能有天壤之别。因此，对初学者来说，学会使用扫描仪只是学习的初级阶段，如何扫描出符合印刷需要的高质量图像，并不是一件容易的事情，这是我们不断追求的目标。

扫描仪是平面设计人员最常用的设备之一，为了更好地使用扫描仪，下面简要介绍一些使用技巧。

（1）先预热后扫描

在开始扫描以前最好先让扫描仪预热一段时间。这是因为扫描仪在刚启动的时候，光源的稳定性较差，而且光源的色温也没有达到扫描仪正常工作所需的色温，因此，此时扫描输出的图像往往饱和度不足。

（2）在扫描的同时除去网纹

被扫描的原稿若是印刷品，由于印刷品采用大小不同的点来表示颜色的深浅，人眼很难看出来，但是扫描出来就全是网纹了。因此，许多扫描仪有去网纹的功能，该功能可以由软件完成或由硬件完成。去网纹功能简化了后期处理手续，经过调整可以直接得到无网纹的扫描图像。

（3）将较大的图分几次扫描后拼接

如果扫描仪的幅面比较小，不能将需要扫描的原件一次扫描完，可以分成多次扫描，但其关键在于后期的无缝拼接。

（4）让扫描输出图像色彩艳丽

如果扫描的图像色彩不够艳丽，可以先调节显示器的亮度、对比度和Gamma值。Gamma值是人眼从暗色调到亮色调的一种感觉曲线。Gamma值越高，色彩的层次就越丰富。在扫描仪自带的扫描应用软件里，可以对Gamma值进行调整。当然，为了求得较好的效果，也可以在Photoshop等软件中对Gamma值进行调整。如果是普通用途，Gamma值通常设为1.4；如果用于印刷，则设为1.8；网页上的照片则设为2.2。

2.3.2 扫描仪的维护

扫描仪的正常维护是很必要的，如果扫描仪中的玻璃平台、反光镜、镜头等落上灰尘或者其他一些杂质，则会使扫描仪的光线减弱，从而影响扫描图像的质量。因此，扫描仪应该不断地维护与保养。主要有以下几点：

（1）保持清洁

扫描仪的工作环境应保持清洁，尽量减少灰尘，同时应定期清洁扫描仪的机体和玻璃表面。特别在扫描之前，要确保您的扫描仪玻璃是干净的。只有这样，扫描出来的图像才不会包含灰尘和斑点。如果发现扫描仪的玻璃表面脏了，请用干净的软布蘸酒精小心仔细地擦拭干净。

（2）避免扫描仪划伤

扫描仪在使用时，应放置在平整无震动的平面上，放置扫描原稿时，避免划伤扫描仪的平板玻璃。不使用时将扫描仪顶盖盖好，以防灰尘落在平板玻璃上。

（3）保护好光学组件

光学组件是扫描仪的核心部件，包括光电转换器件、镜头和反射镜组。在组装时经过严格的调试，其安装位置是固定的，并对扫描的图像质量有很大的影响，因此，在使用过程中不要随意改变光学组件位置，应尽量避免对扫描仪的震动或倾斜。即使出现扫描仪故障，也不要擅自拆卸、修理，一定要送到指定的维修点修理。

（4）清除灰尘

如果发现扫描仪内部有灰尘，可以用专用挤压气球吹，或用吸尘器吸。如果发现光学组件中的灯管、反射镜上有灰尘，应首先锁上扫描仪的安全锁，然后用脱脂棉蘸少许蒸馏水，小心地擦拭灯管、反射镜。

（5）及时更换灯管

扫描仪的灯管有一定的使用期限，如果发现灯光变暗，应及时更换灯管，以保证有足够的光能量，从而保证图像质量。

（6）注意润滑程度

如果在使用过程中发现有噪声，可能是支撑扫描头的滑动杆缺少润滑油或者上面积存了污垢，可以在滑动杆上涂抹一些润滑油，增加它的润滑程度，以减少扫描仪的噪声。

（7）定期检查

扫描仪的传动皮带使用一段时间容易打滑，影响扫描精度，应注意检查，固紧皮带，清洁皮带轮。

（8）注意防尘

扫描仪不用时，最好将电源关掉，并盖上软布，以减少灰尘进入扫描仪内部的机会。

3 扫描实验基本过程与步骤

3.1 透射稿的扫描实验操作过程

3.1.1 滚筒式扫描仪扫描透射稿（以扫描底片为例）

（1）实验耗材准备（图3–1）

①抗静电的电分薄膜。

②无纺布纸。

③滚筒清洁剂。

④软片清洁剂。

⑤抗牛顿环油。

⑥专用透明胶带。

⑦裁纸刀。

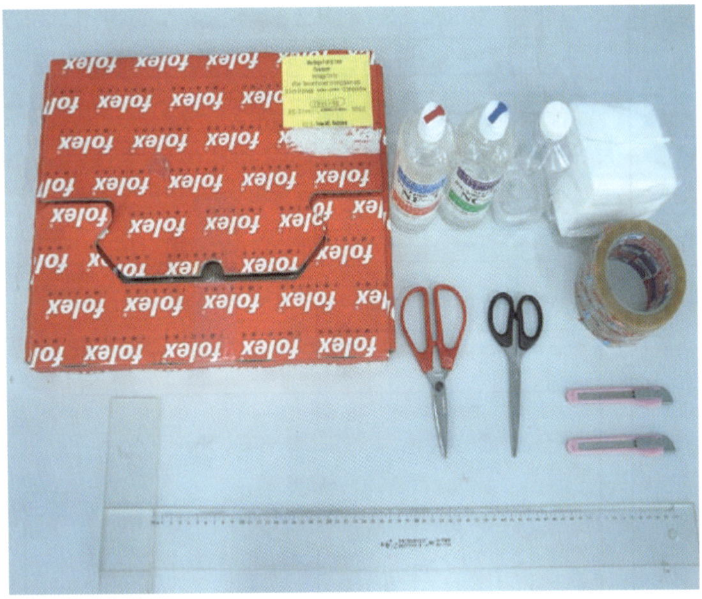

图3–1

（2）硬件准备

①网屏SGScan8060P Mark Ⅱ滚筒式扫描仪（图3–2）。

②苹果电脑。

③透射标准光源工作台（图3–3）。

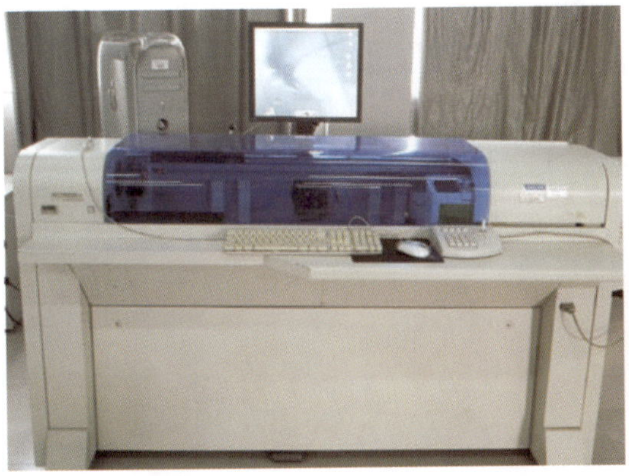

图3–2

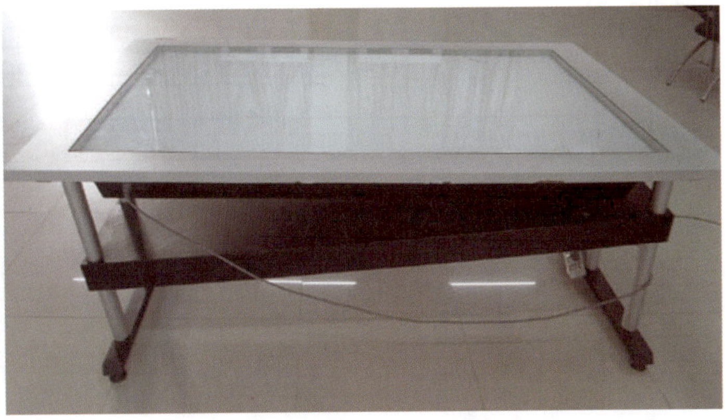

图3–3

（3）滚筒式扫描仪透射稿扫描实验过程与步骤（图3-4）

SGScan8060P Mark Ⅱ和苹果电脑的工作流程显示如下：

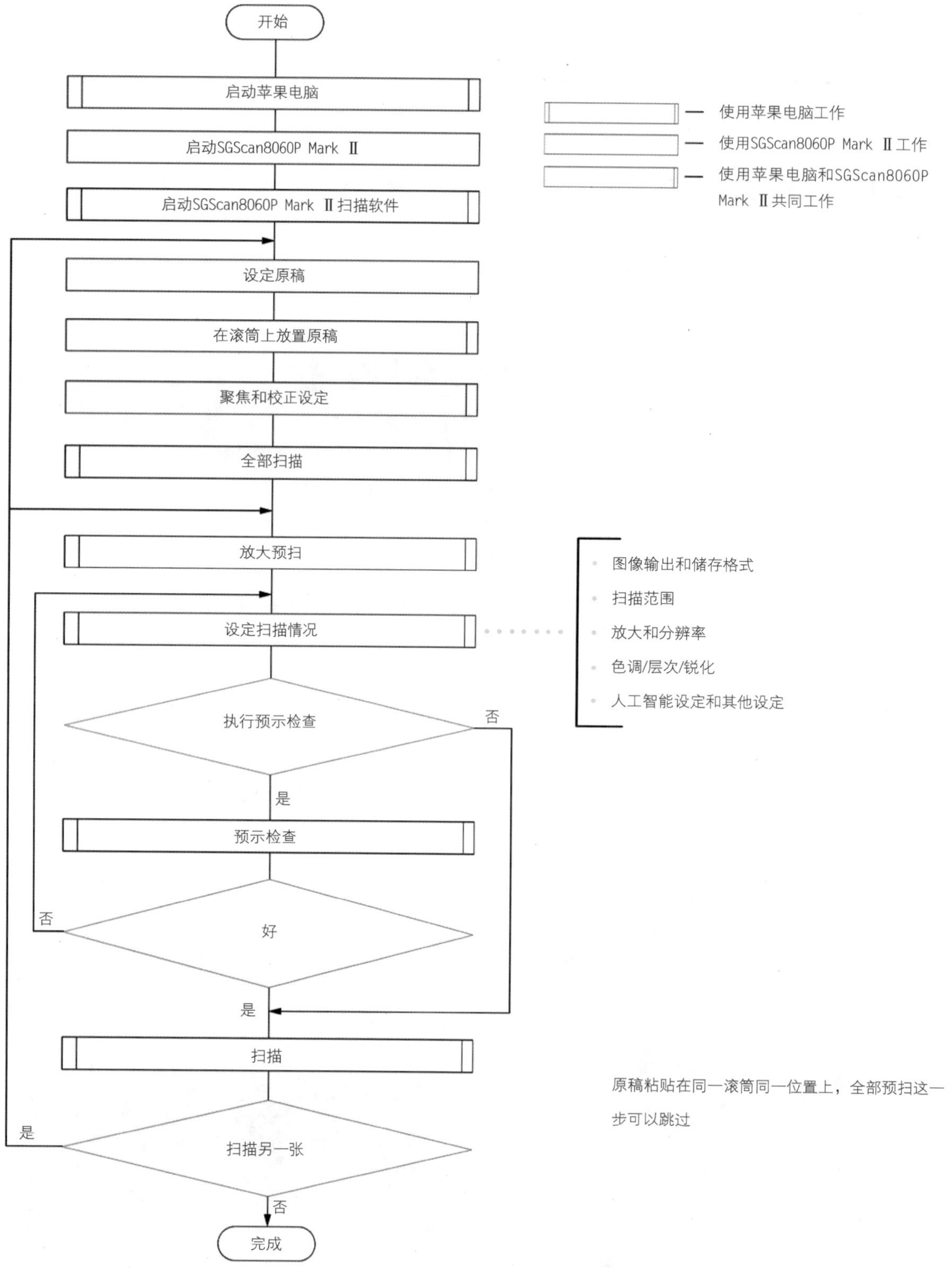

图3-4

①上稿。

a.在透射标准光源工作台上确定原稿的尺寸（图3-5）。

图3-5

b.裁切适合原稿尺寸的抗静电电分薄膜，将薄膜宽的两头贴上专用胶带（图3-6）。

c.把滚筒放入上稿架中，用滚筒清洁剂擦拭滚筒，软片清洁剂擦拭原稿。

d.把准备好的抗静电电分薄膜的一边贴在滚筒标准线内（图3-7）。

图3-6

图3-7

e.固定好滚筒，将抗牛顿环油均匀地涂在需要放置原稿的滚筒表面（图3-8）。

f.所有原稿放置完后，用专用胶带封好左右两边，防止抗牛顿环油渗漏（图3-9）。

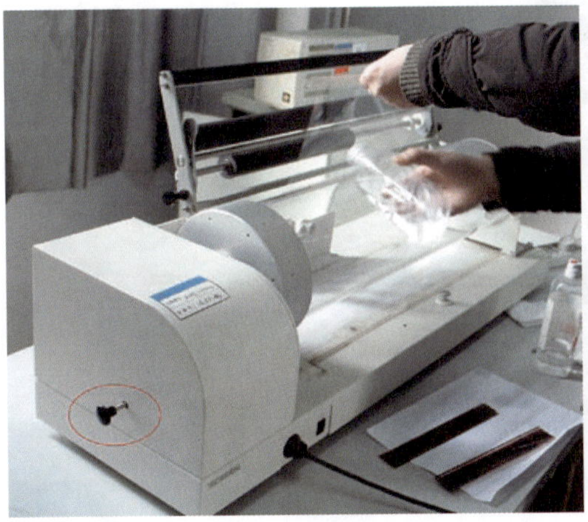

图3-8

图3-9

g.将上稿架中的压轴放在滚筒标准线上。挤压气泡，边踩踏板慢慢转动滚筒边用轴挤压，将底片上的气泡挤压出去，尽量不让气泡跑到图片位置，扫描出来的底片才更加清晰（图3-10、图3-11）。（注意：不要用手触摸中间图像位置，以免留下痕迹。）

h.用酒精擦拭滚筒上的图像区域，将滚筒放入扫描仪主机内，固定好（图3-12）。

②启动SGScan8060P Mark Ⅱ扫描软件。

a.打开苹果电脑系统。

b.点击SGScan8060P Mark Ⅱ启动软件（图3-13）。

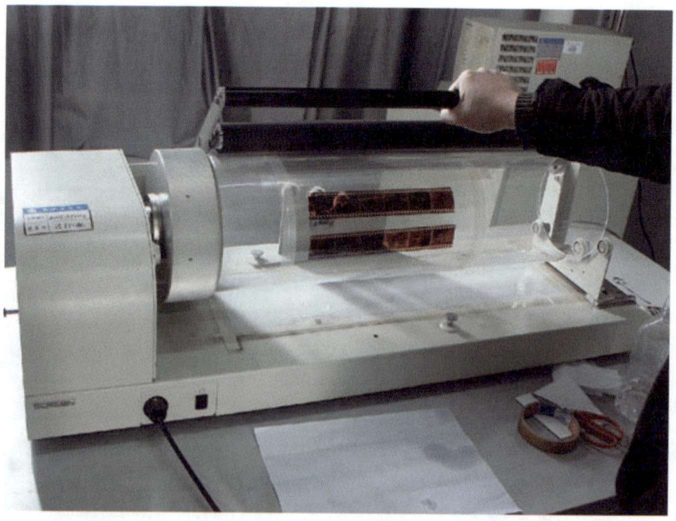

图3-10

图3-11

图3-12

图3-13

SGScan8060P Mark Ⅱ启动后如图3-14所示。

c.预热半小时。

③抓起点位。

a.开启防护罩，调节扫描头到扫描滚筒的起始位，按照滚筒旋转方向用手转动滚筒进行调整，通过轴向方向移动扫描头进行调整。

b.在按钮栏点击按钮（图3-15）。

显示以下对话框（图3-16）。

图3-14

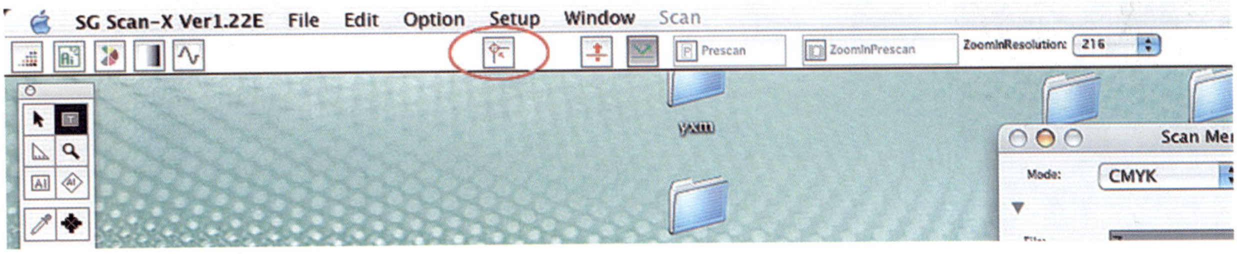

图3-15

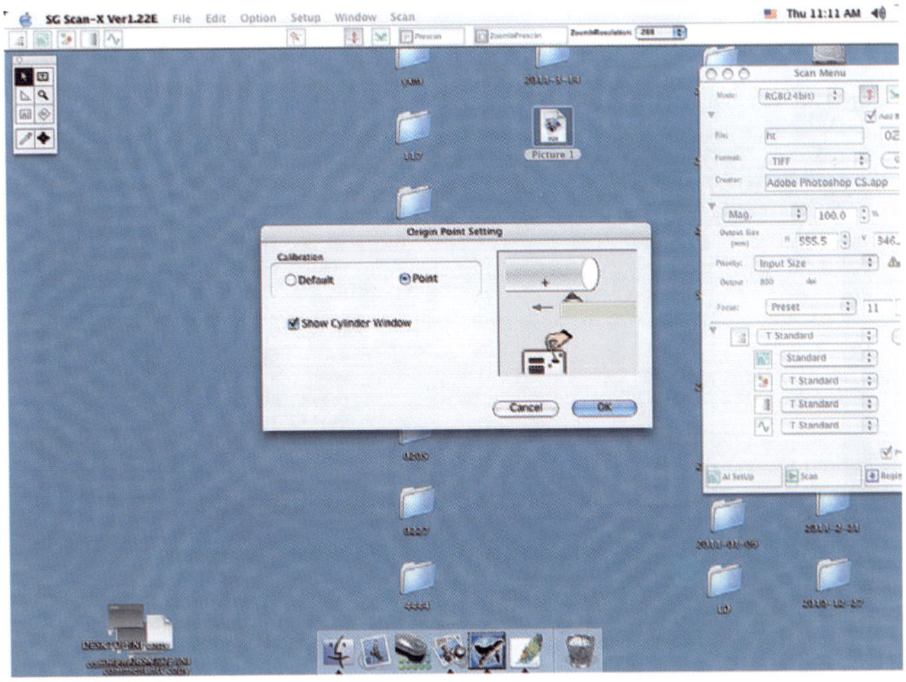

图3-16

c.按对话框的如下描述进行设定：在设定起始位后检查扫描滚筒校准，“Default”指进行缺省校准（注：一旦被储存为缺省值则被作为参考值，以后不再进行校准）；“Point”指每次在进行预扫或精扫时进行校准。确保扫描头对应所选的起始点位置，按OK键，设定好起始点。

④对焦。

进行手动对焦调整（图3-17）：

a.扫描点对准任何空白位置，按下扫描仪上的AUTO CAL按钮进行校准（图3-18）。

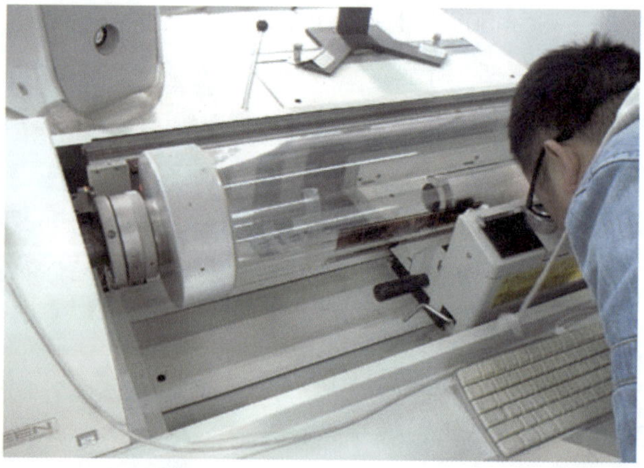

图3-17

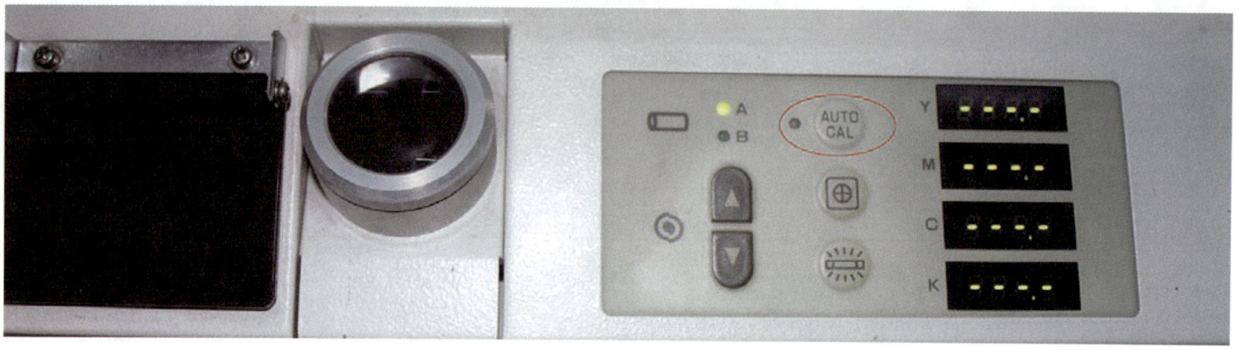

图3-18

b.AUTO CAL的灯绿色常亮，点击软件中←F，确定对焦值为“0”（图3-19）。

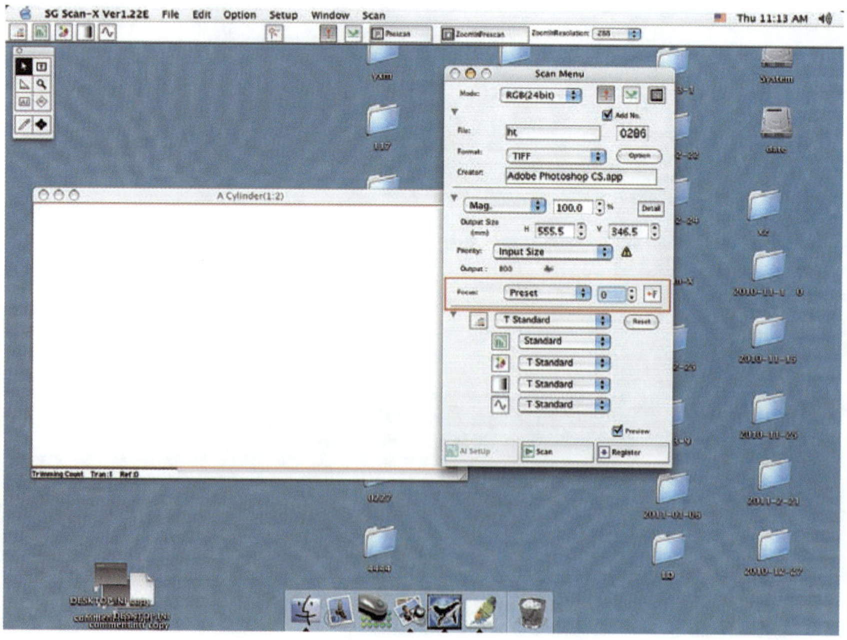

图3-19

c.打开对焦灯光（图3-20）。

d.将光点对准到图像位置，然后在放大镜中对焦。通常反射稿在放大镜中看到的是网点，胶片看到的是色块。

e.用控制面板中的上下键调整对焦，直到放大镜中图像清晰为止（图3-21）。

f.在扫描软件中按 +F 确定调整后的对焦值（图3-22）。

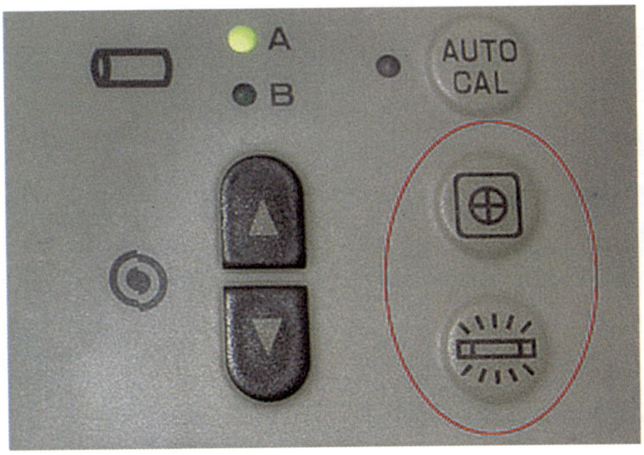

图3-20

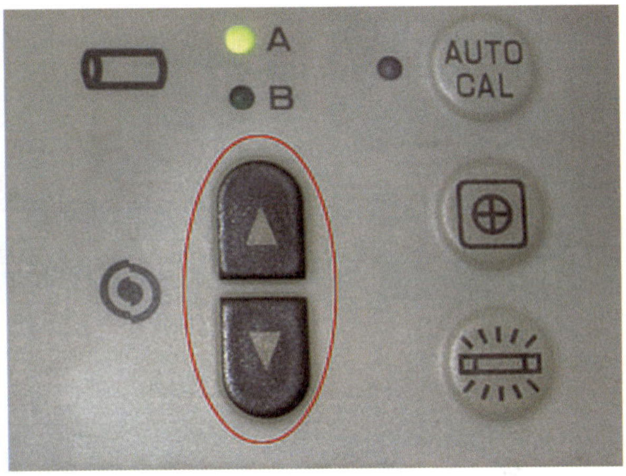

图3-21

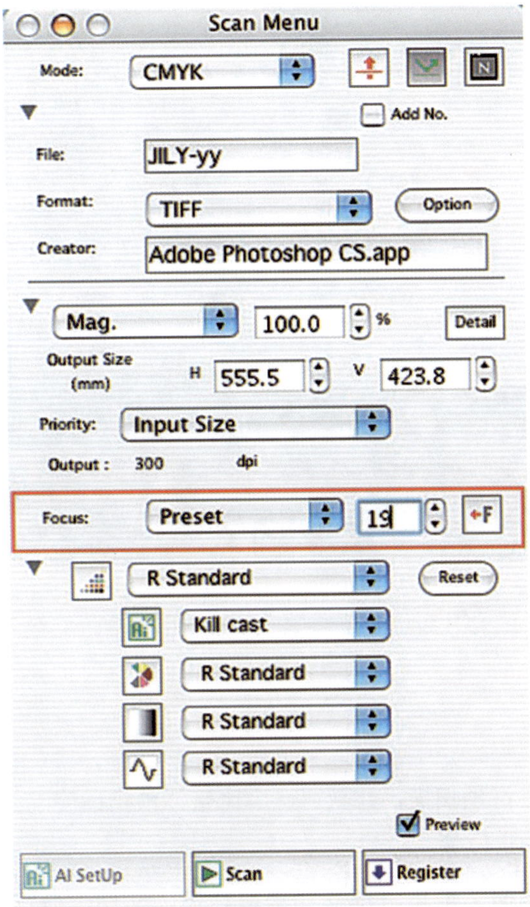

图3-22

g.对焦结束，关闭蓝色滚筒保护盖。

⑤整体预扫。

全部预扫可以获得一个低分辨率的图像，为放大预扫做准备，但不可以修改模拟效果和点百分比。

进行图像的整体预扫：

a.检查原稿设定。

b.设定透射的整体扫描（图3-23）。

c.点击 Prescan 后可以选择分辨率，分别为36、54和72dpi，最后确定原稿模式（图3-24）。

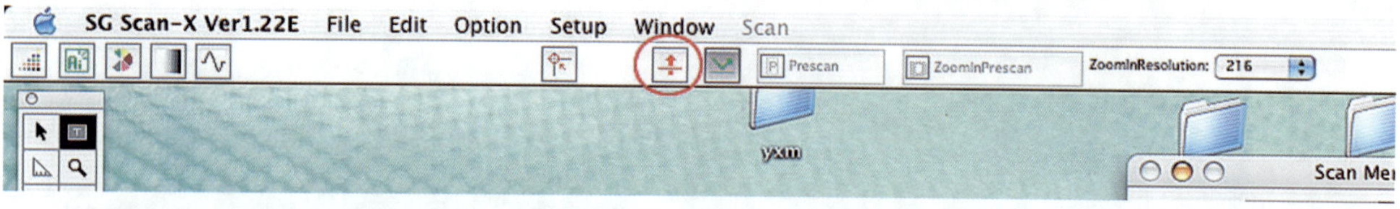

图3-23

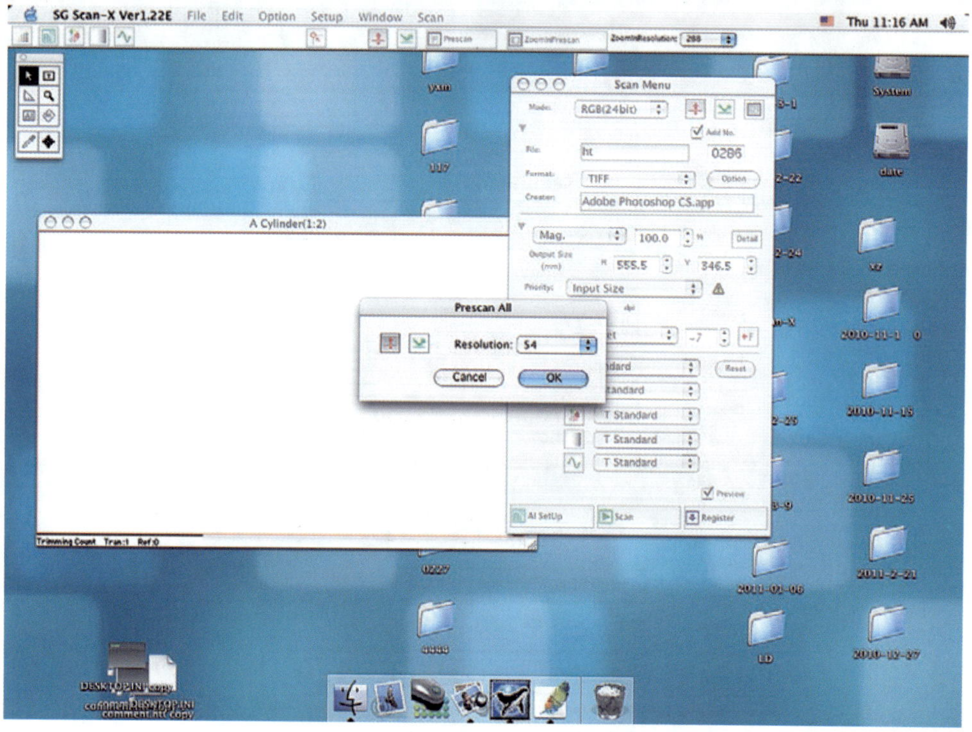

图3-24

d.点击OK键，进行整体预扫。

⑥放大预扫。

放大预扫可以在指定的区域进行预扫描，并获得一个比整体预扫精度高的图像。在此基础上可以做百分比读取、色彩、层次及精准的定位等。

a.点击工具箱中，并在图像上拖拉鼠标裁切需要扫描的区域。然后在空白的地方设定白平衡（图3-25）。

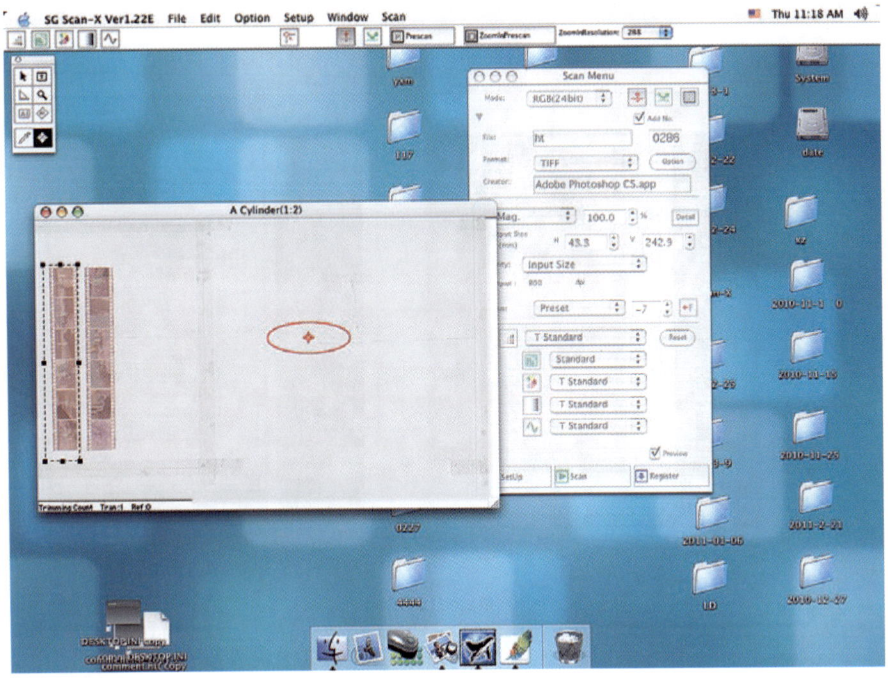

图3-25

b.在 ZoomInResolution: Auto 中选择放大预扫的分辨率（图3-26）。

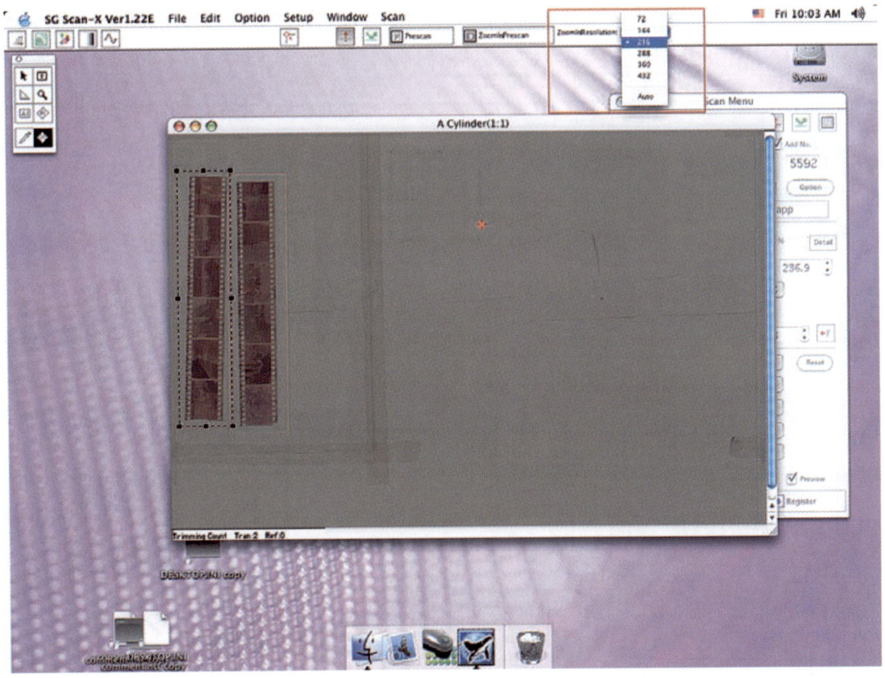

图3-26

c.点击 ZoomInPrescan 开始第二次预扫。

d.第二次扫描完成后，在窗口中显示预扫图片结果（红色线表示色彩区域，蓝色线表示扫描区域）（图3-27）。

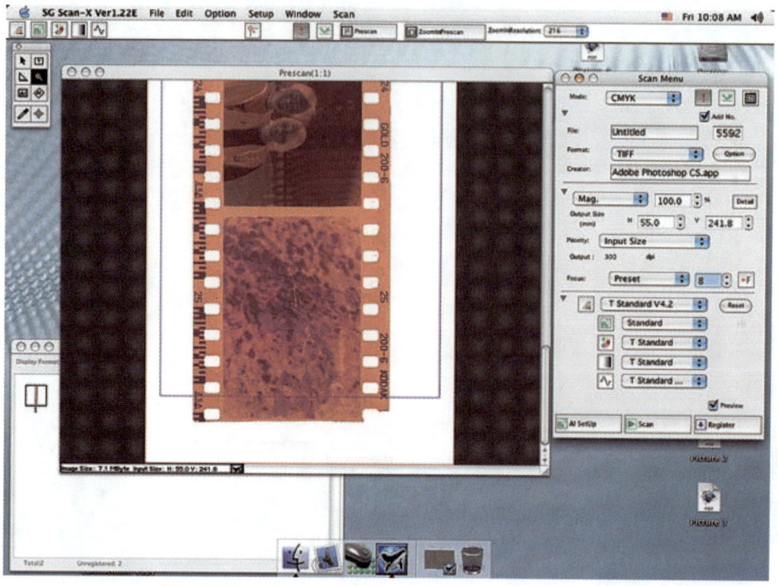

图3-27

⑦ 正式扫描。

a.双击打开“Prescan Catalog”窗口中的扫描图片（图3-28）。

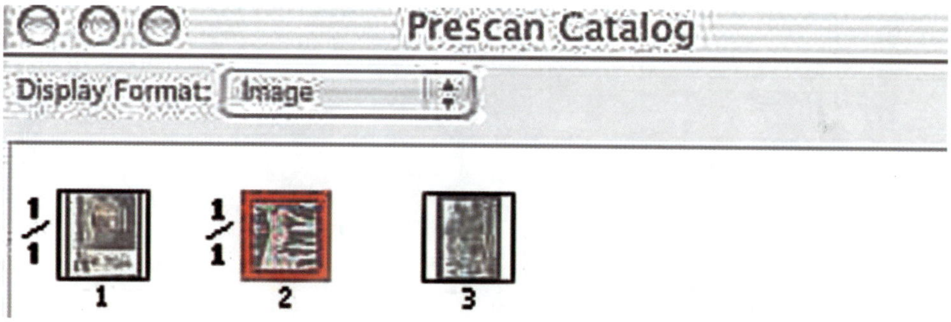

图3-28

b.指定整边区域，设定数据和聚焦则以此区域为准。

整边区域框在预扫完的图像上被自动显示出来，红色框线是整边区域，而蓝色框线则是人工智能区域（做人工智能分析）。

c.点击选取工具（图3-29）。

d.激活预扫对话框，点击当前显示的整边区域框线使其成为虚线状态。可以手动改变区域的大小和位置，同时人工智能分析也会自动改变。

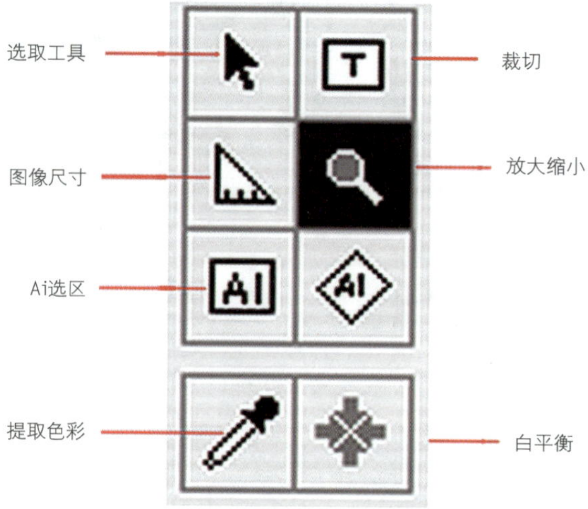

图3-29

e.按照指定的区域来设定参数。

f.采用放大倍率设定整边区域（图3-30）。

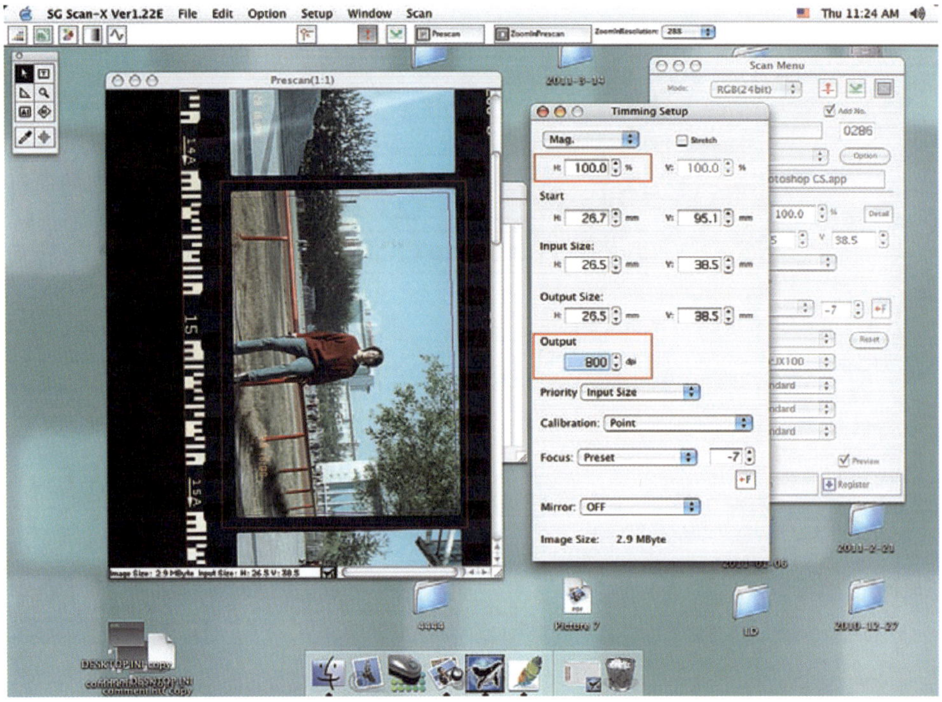

图3-30

如果输出精度一定，则：输入精度=输出精度×放大倍率。从输出尺寸和输入尺寸上也可以得到放大倍率：输出尺寸=输出尺寸×放大倍率。

g.设定分辨率，范围为40dpi到12000dpi。

h.输出格式和文件名的设定：模式为“Mode”。

选择扫描图像的输出方式：CMYK/RGB(24bit)/RGB(48bit)/Gray（图3-31）。

选择扫描的原稿类型，正片透射或反射（注：如果预扫已经设定，则此时会自动设定），文件名为“File”（图3-32）。

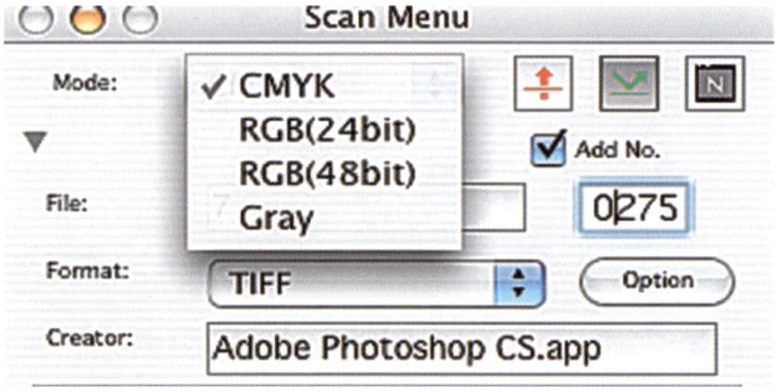

图3-31

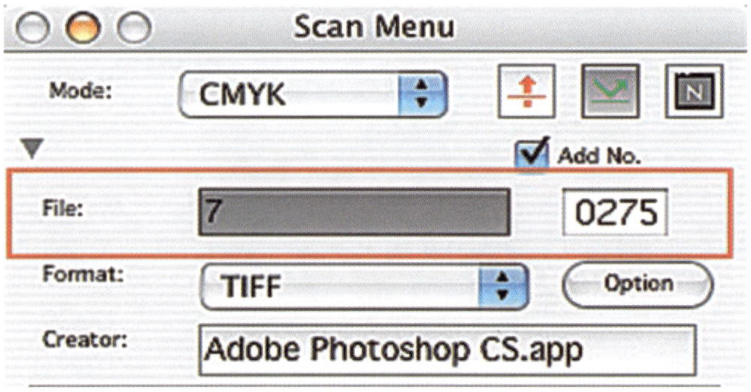

图3-32

扫描的图像存储并取好文件名、加编号为“Add No.”（图3-33）。

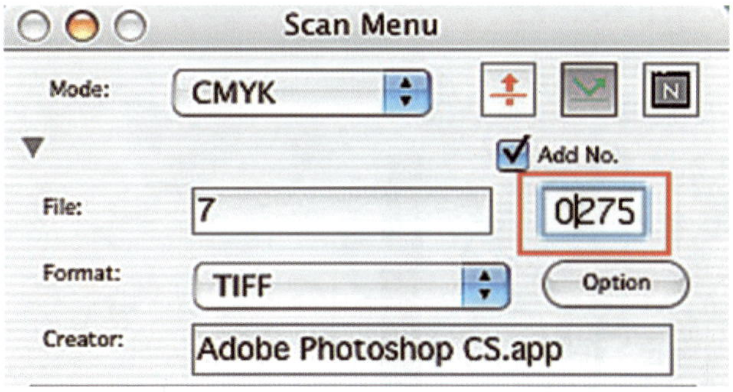

图3-33

扫描的图像分配一个统计编号，此编号会自动增加，并可以选择不同位数。(注：此功能用于苹果电脑，以防止所取文件重名。)

选择存储格式：TIFF/EPS/PICT/CT

(注：若选择“TIFF”或“ EPS”格式，可以按Option键以便进行更多的设置。)

创建“Creator”(图3-34)。

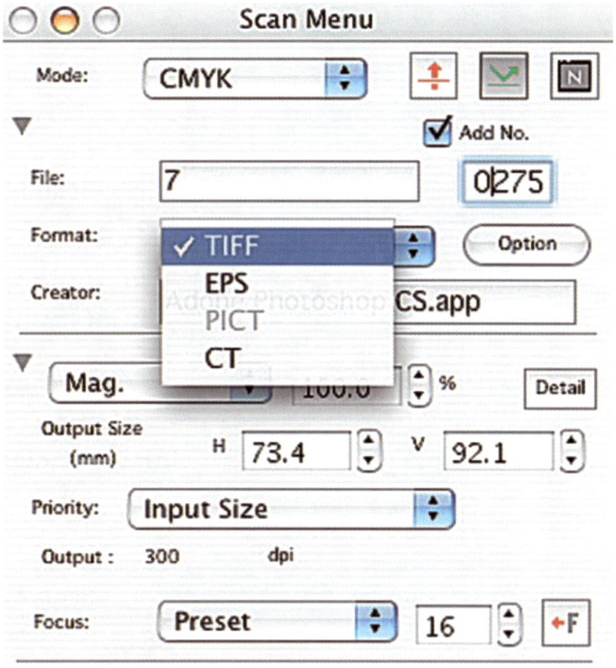

图3-34

i.色调、层次、密度的设定。

选择需要的参考方式进行参数设定。红色箭头表示扫描稿必须进行调整，黑色箭头表示扫描稿需要进行略调。如需调整色彩建立、人工智能、颜色校正、层次和锐化参数，点击Reset可以实现清除改变（图3-35）。选择不同的打印模式，所选择的参考方式也不同。

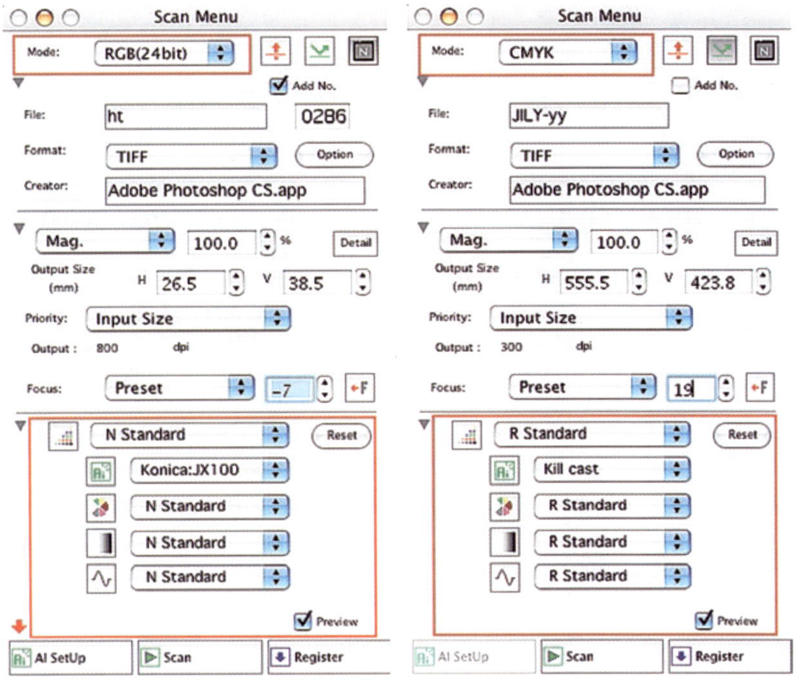

图3-35

为色彩建立（图3-36）。

选取人工智能参数：

显示人工智能参数调节窗口，可自动进行参数调整（图3-37）。

选取色彩校正参数：

显示色彩校正窗口并进行参数调整（图3-38）。

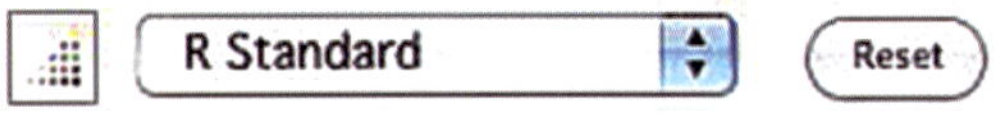

图3-36

选取层次参数：

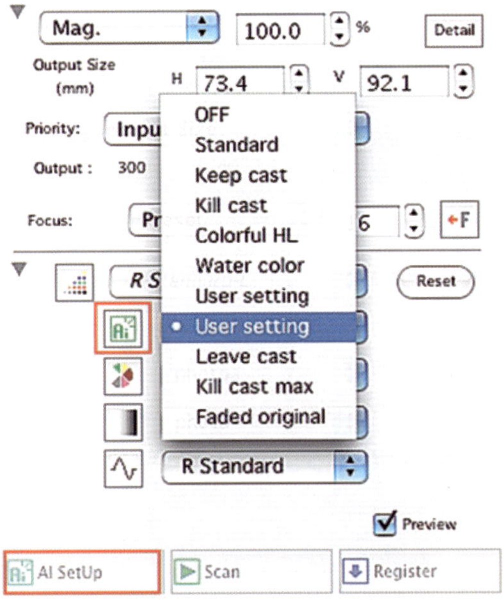

图3-37

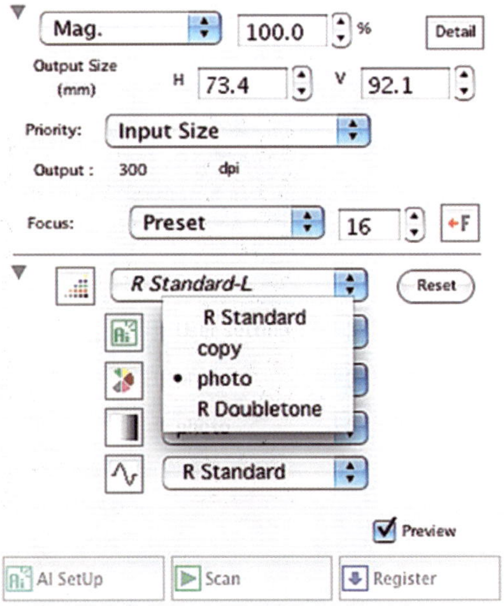

图3-38

▣显示层次参数窗口并进行参数调整（图3-39）。

选取锐化参数：

∿显示锐化参数窗口并进行参数调整（图3-40）。

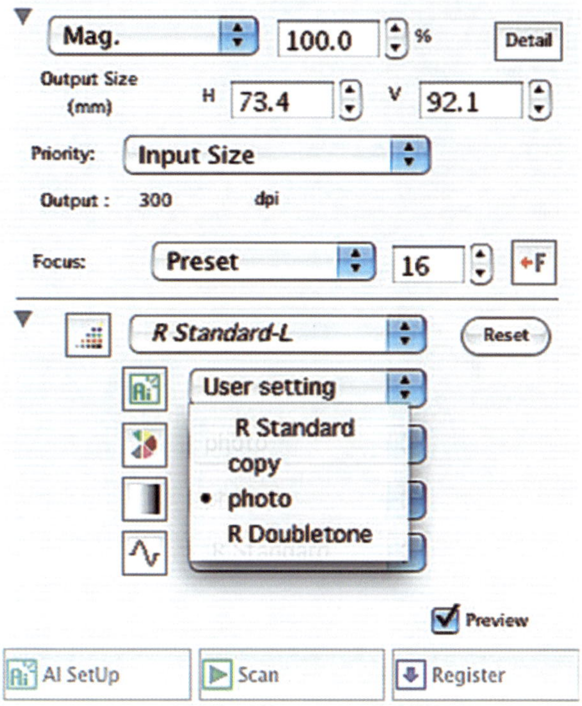

图3-39

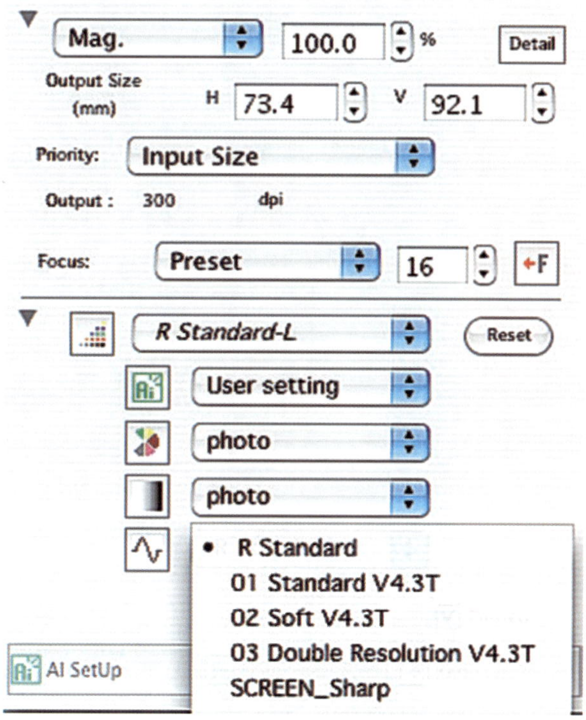

图3-40

关于色调、层次和密度设定的结果可以立刻在屏幕上显示出来。选中 ☑ Preview 就可看到扫描的效果。

j.点击Scan，进行正式扫描（图3-41）。

图3-41

⑧移去滚筒。

a.确定SGScan8060P Mark Ⅱ已经完成扫描，打开保护罩锁。因为滚筒转动时很危险，所以必须等到扫描完成后再打开保护锁。

b.把扫描头移到右端。

c.除下滚筒，用吸油纸清洁滚筒上的抗牛顿环油。

d.关闭保护罩。

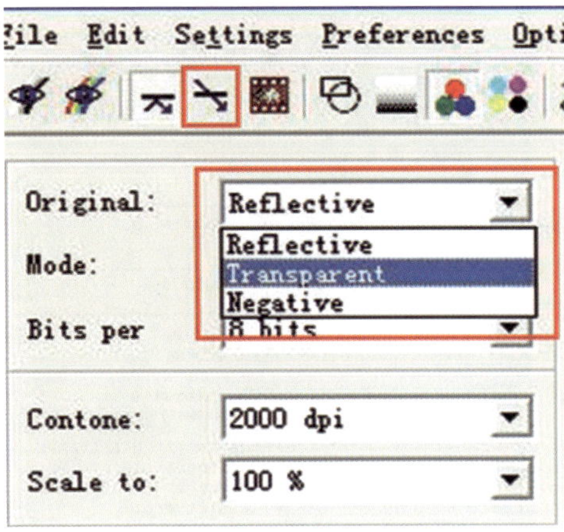

图3-43

3.1.2 平台式扫描仪扫描透射稿

（1）硬件准备

①AGFA DUOSCAN T2500平台式扫描仪。

②PC电脑。

（2）平台式扫描仪透射稿扫描实验过程与步骤

①启动平台式扫描仪，进行预热，预热时间大约10分钟。

②将底片放置到平台式扫描仪专用的胶片夹中（图3-42）。

③打开扫描仪软件，选择扫描模式 （反射模式、透射模式、胶片模式）（图3-43）。

④点击Preview键进行预扫（图3-44）。

图3-42

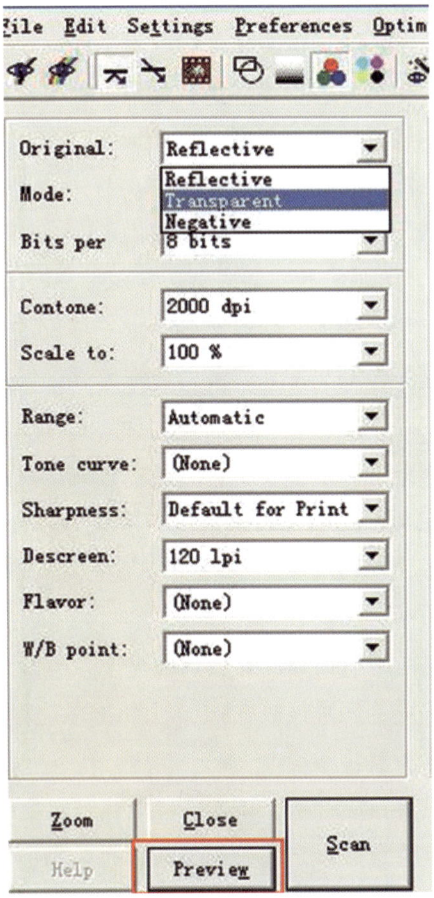

图3-44

⑤预扫完毕后选择扫描区域并裁切。

⑥对透射稿图片进行分辨率大小、色彩、清晰度、打印模式调整（图3-45）。

⑦点击Scan进行正式扫描（图3-46）。

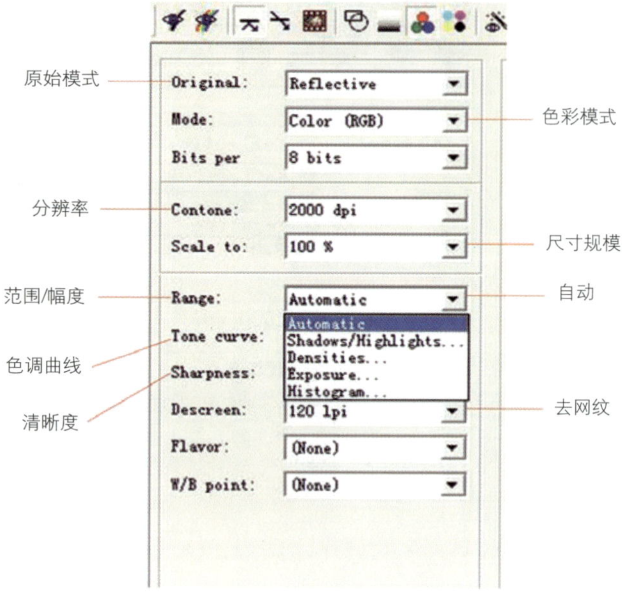

图3-45

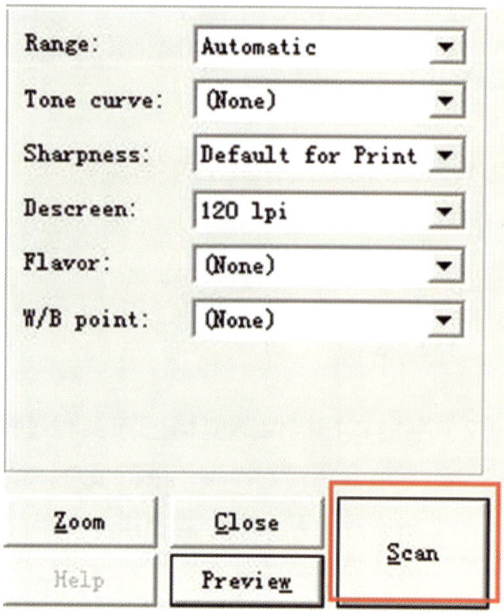

图3-46

⑧扫描结束，退出软件程序，关闭平台式扫描仪。

透射稿的扫描原理：透射稿扫描适配器的原理很简单，就是用一个光源来替代扫描仪原来的上盖，把扫描光源由稿件下方移到稿件上方，让透射过稿件的光线经过镜头和数个反射镜成像在CCD表面。透射稿扫描对扫描设备的要求比较苛刻。首先，透射稿件的一个特点是对扫描设备的分辨率要求非常高。以透射稿中最为常见的35mm底片为例（普通135相机拍出来的照片底片），它的图像面积非常小，只有36mm×24mm，所以信息密度很高。要想把它打印成A4幅面的图片，相当于放大8倍，这就要求扫描仪具有相当高的光学分辨率，所以至少要求扫描仪的分辨率在600×1200dpi以上。其次，透射稿件的密度范围大，也就是图像的亮部和暗部对比非常强，特别是反转片。一台扫描仪能够分辨的明暗范围，用最亮处到最暗处的对数值之差作为衡量指标。扫描仪的色彩位数越高，能反映的明暗层次就越多，动态范围也越大。在常见的透射稿件中，彩色负片的密度范围较小，使用24位或30位的扫描仪也可以凑合；而彩色反转片一定要36位以上的扫描仪。事实上，在扫描透射稿的时候，一般要求扫描仪的色阶在42bit以上，才能获得较好的效果。

注意事项：

①在扫描前应将扫描仪的玻璃板擦干净，否则出来的图像会有很多的黑白点和线（灰尘）；

②将要扫描的底片摆放在扫描起始线的中央，这样可以最大限度地减少由于光学透镜导致的失真，扫描时扫描仪上盖要压紧；

③进行投射扫描时所选择的各种指标一定要比反射稿高；

④应特别注意所设定的扫描类型，有些扫描仪只能扫描正片，若是将正片与负片的类型选错，得到的结果可能是面目全非。

3.2 反射稿的扫描实验操作过程

3.2.1 滚筒式扫描仪扫描反射稿

（1）实验耗材准备

①抗静电电分薄膜。

②无纺布纸。

③滚筒清洁剂。

④软片清洁剂。

⑤专用透明胶带。

⑥裁纸刀。

⑦直尺。

（2）硬件准备

①网屏SGScan8060P Mark Ⅱ滚筒式扫描仪。

②苹果电脑。

③透射标准光源工作台。

（3）滚筒式扫描仪反射稿扫描实验过程与步骤

①上稿。

a.选取原稿（图3-47）。

b.在透射标准光源工作台上确定原稿放入滚筒时的尺寸（图3-48）。

c.裁切适合原稿尺寸的抗静电电分薄膜。

d.将薄膜宽的两头贴上专用胶带。

e.把滚筒放入上稿架中，用滚筒清洁剂擦拭滚筒，软片清洁剂擦拭薄膜。

f.把准备好的抗静电电分薄膜的一边贴在滚筒标准线内。

g.固定好滚筒。

h.把原稿平整地放置在滚筒表面，并配上白色小纸片（注：反射稿需要添加白色小纸片设定白平衡）（图3-49）。

i.封好贴有专用胶带纸的两边（图

图3-47

图3-48

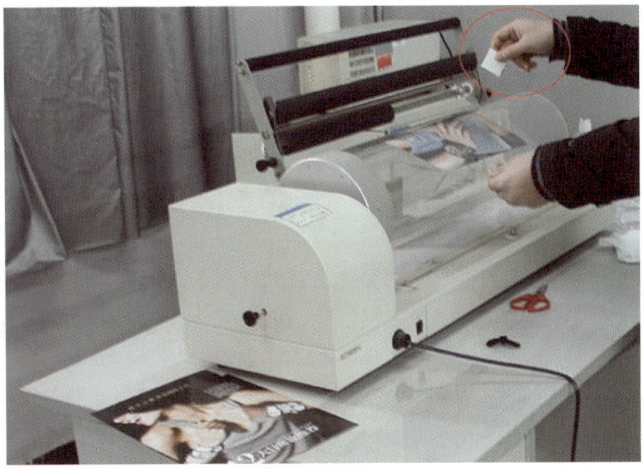

图3-49

3-50）。（注：扫描反射稿无须使用抗牛顿环油，避免环油将反射稿损坏，导致扫描失败。）

j.擦拭滚筒上的扫描区域，避免上稿过程中在薄膜上留下痕迹。将滚筒放入扫描仪内，固定好（图3-51）。

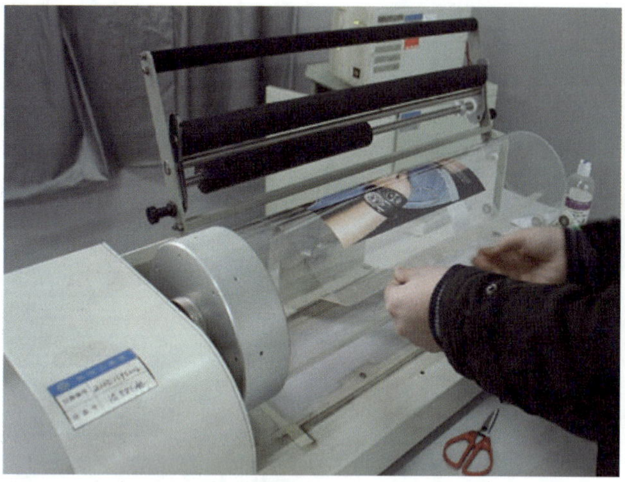

图3-50

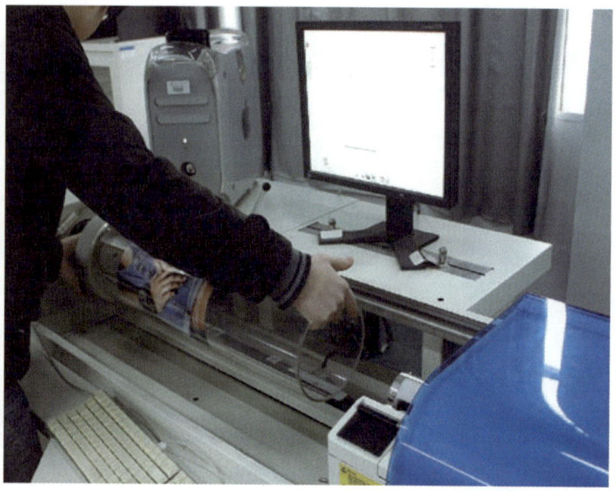

图3-51

②启动SGScan8060P Mark Ⅱ扫描软件。

a.打开苹果电脑系统。

b.点击SGScan8060P Mark Ⅱ启动软件。

SGScan8060P Mark Ⅱ启动后如图3-52所示。

c.预热半小时。

③抓起点位。

a.开启防护罩，调节扫描头到扫描滚筒的起始位，按照滚筒旋转方向用手转动滚筒进行调整，通过轴向方向移动扫描头进行调整。

图3-52

b.在按钮栏点击按钮（图3-53）。

显示以下对话框（图3-54）。

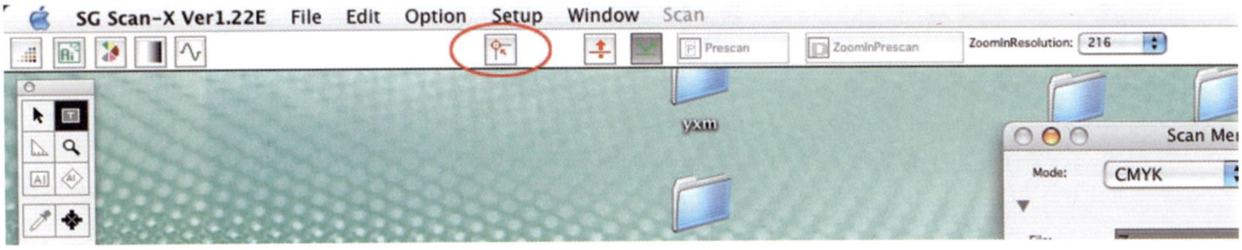

图3-53

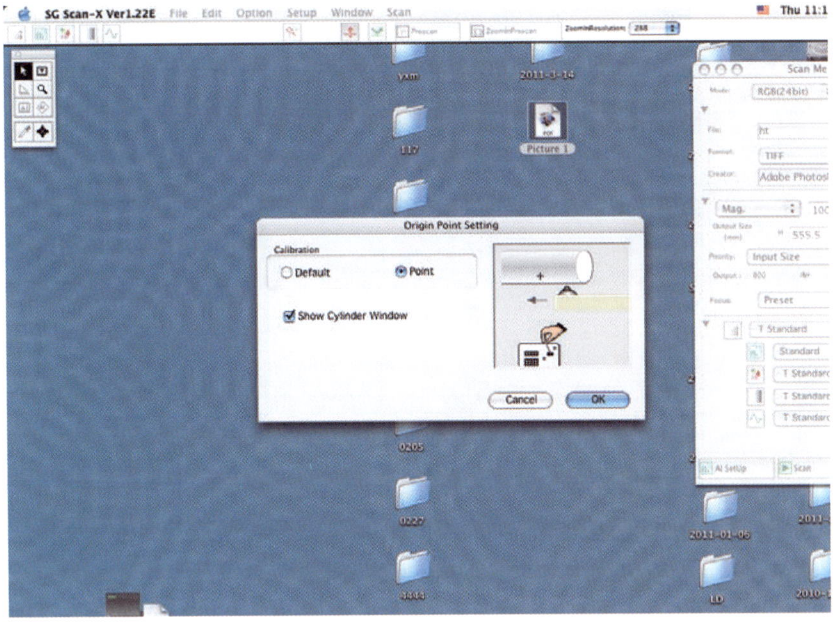

图3-54

c.按对话框的描述进行设定。

在设定起始位后检查扫描滚筒校准，“Default”指进行缺省校准（注：一旦被储存为缺省值则被作为参考值，以后不再进行校准）；“Point”指每次在进行预扫或精扫时进行校准。确保扫描头对应所选的起始点位置。按OK键，设定好起始点。

④对焦。

进行手动对焦调整（图3-55）：

a.扫描点对准任何空白位置，按下扫描仪上的AUTO CAL按钮进行校准。

b.AUTO CAL的灯绿色常亮，点击软件中，确定对焦值为“0”。

c.打开对焦灯光（插入图片），将光点对准图像位置，然后在放大镜中对焦。通常

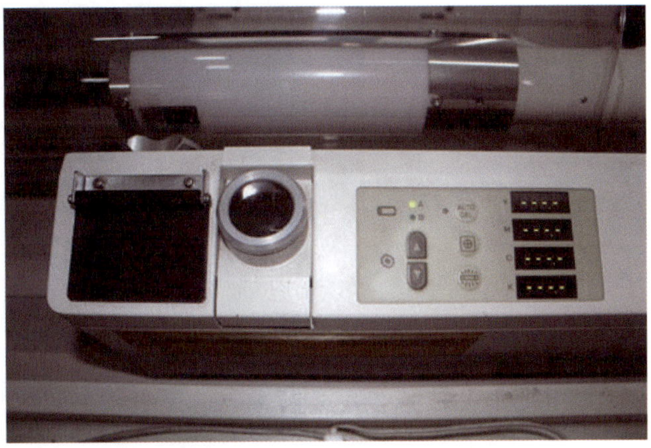

图3-55

反射稿在放大镜中看到的是网点，胶片看到的是色块。

d.用控制面板中的上下键调整对焦，直到放大镜中图像清晰为止。

e.在扫描软件中按 F 确定调整后的对焦值。

f.对焦结束，关闭蓝色滚筒保护盖。

⑤整体预扫。

进行图像的整体预扫：

全部预扫可以获得一个低分辨率的图像，为放大预扫做准备，但不可以修改模拟效果和点的百分比。

a.检查原稿设定。

b.设定反射稿的整体扫描尺寸（图3-56）。

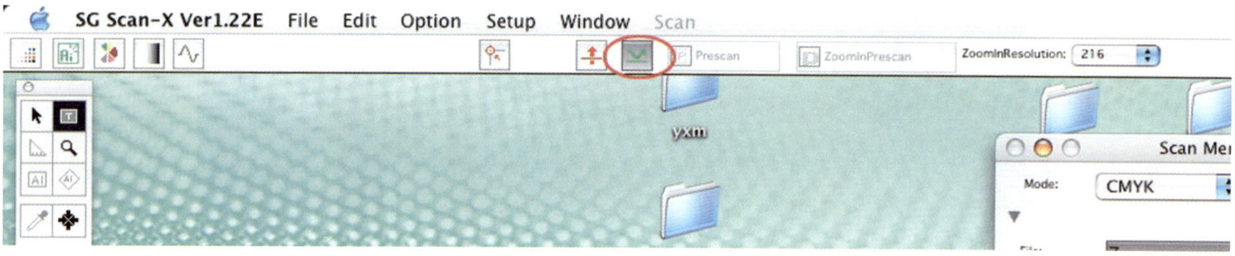

图3-56

c.点击 Prescan 后可以选择分辨率，分别为36、54和72dpi，最后确定原稿模式。

d.点击OK键，进行整体预扫。

⑥放大预扫。

放大预扫可以在指定区域进行预扫描，并获得一个比整体预扫精度高的图像。在此基础上可以做百分比读取、色彩、层次及精准的定位等。

a.点击工具箱中 T ，并在图像上拖拉鼠标裁切需要扫描的区域。然后在纸片处设定白平衡（图3-57）。（注：在设置完白平衡之后，把该界面最小化，避免在以下操作过程中不慎将白平衡设置在黑

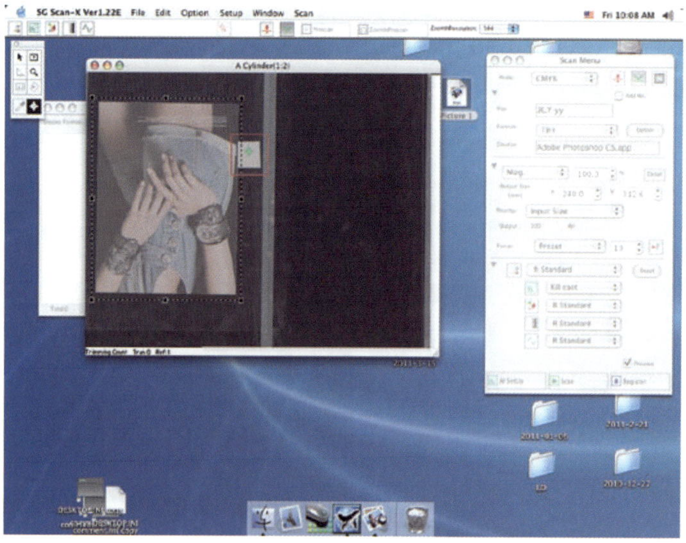

图3-57

色区域，导致后面的扫描无法进行。）

b.在 ZoomInResolution: Auto 中选择放大预扫的分辨率。

c.点击 ZoomInPrescan 开始第二次预扫。

d.第二次扫描完成后，在窗口中显示预扫图片结果（蓝色线表示扫描区域，绿色线表示色彩区域）（图3-58）。

⑦正式扫描。

a.双击打开“Prescan Catalog”窗口中的扫描图片。

b.指定整边区域，设定数据和聚焦则以此区域为准。

整边区域框在预扫完的图像上被自动显示出来，绿色框线是整边区域，而蓝色框线则是人工智能区域（做人工智能分析）。

c.点击选取工具（图3-59）。

图3-58

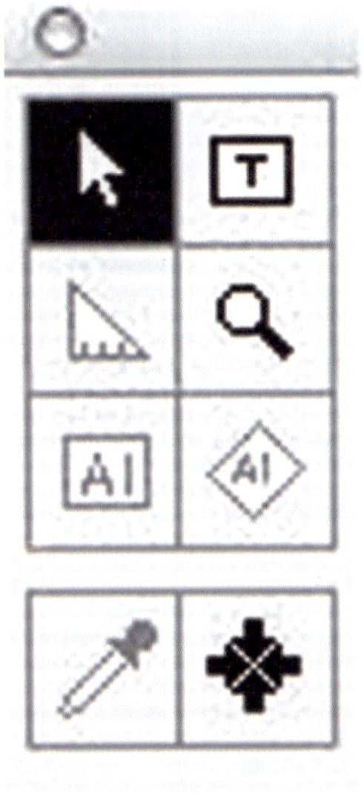

图3-59

d.激活预扫对话框，点击当前显示的整边区域框线使其成为虚线状态。可以手动改变区域的大小和位置，同时人工智能分析也会自动改变。

e.按照指定的区域来设定参数。

f.采用放大倍率设定整边区域。

g.设定分辨率，范围为40dpi到12000dpi。

h.设定输出格式和文件名。

i.设定色调、层次、密度。

选择需要的参考方式进行参数设定。如调整色彩建立、人工智能、颜色校正、层次和锐化参数，可点击 Reset 实现清除或改变。

关于色调、层次和密度设定的结果可以立刻在屏幕上显示出来。选中 Preview 就可看到扫描的效果。

j.点击Scan，进行正式扫描（图3-60）。

图3-60

扫描完毕效果图（图3-61）。

（注：扫描图片选自《时尚》杂志。）

⑧移去滚筒。

a.确定SGScan8060P Mark Ⅱ已经完成扫描，打开保护罩锁。

因为滚筒转动时很危险，所以必须等到扫描完成后再打开保护锁。

b.把扫描头移到右端。

c.除下滚筒。

d.关闭保护罩。

需要注意的是，反射稿中的印刷品一定要去除网纹。滚筒式扫描仪与平台式扫描仪不同，在扫描过程中没有去除网纹这个选项，所以滚筒式扫描仪在扫描结束后，对印刷品的处理要转到Photo shop里用滤镜的高斯模糊去除网纹（高斯模糊针对各种不同扫描效果修正的尺度

图3-61

也不同）。

3.2.2 平台扫描仪扫描反射稿

（1）硬件准备

①AGFA DUOSCAN T2500平台式扫描仪。

②PC电脑。

（2）平台式扫描仪反射稿扫描实验过程与步骤

①启动平台式扫描仪，进行预热，预热时间大约10分钟。

②将反射稿图片放置到扫描平台，反面朝上（图3-62）。

③打开扫描仪软件，选择扫描模式（反射模式、透射模式、胶片模式）（图3-63）。

图3-62

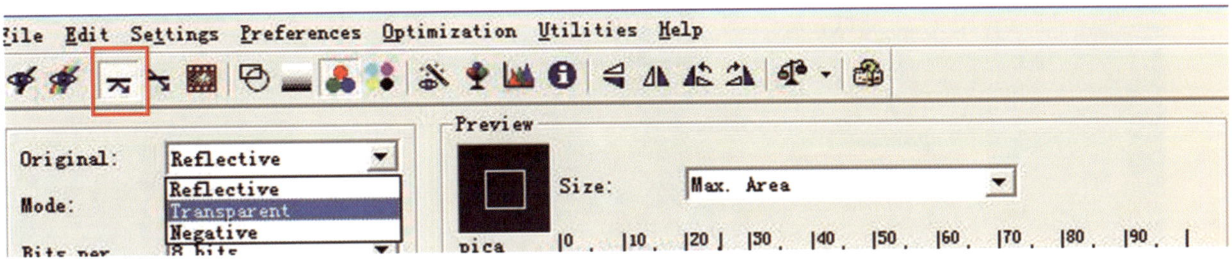

图3-63

④点击Preview键进行预扫（图3-64）。

⑤预扫完毕后选择扫描区域并裁切。

⑥对反射稿图片进行分辨率大小、色彩、清晰度、打印模式调整（图3-65）。

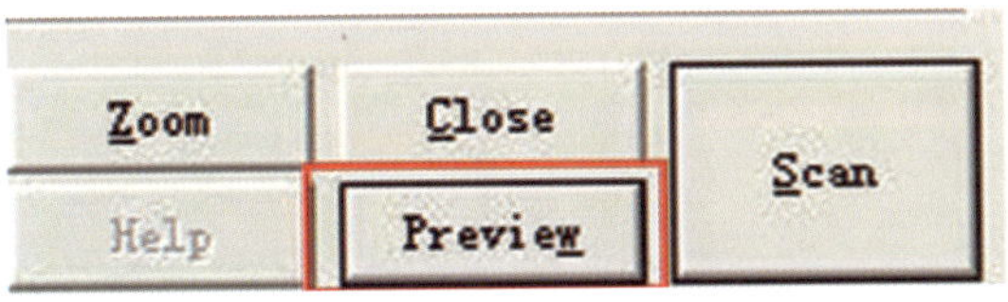

图3-64

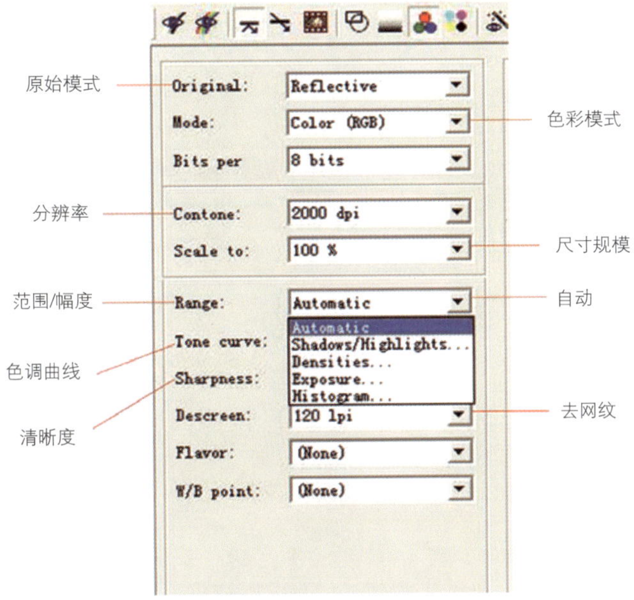

图3-65

⑦点击Scan进行正式扫描（图3-66）。

⑧扫描结束，退出软件程序，关闭平台式扫描仪。

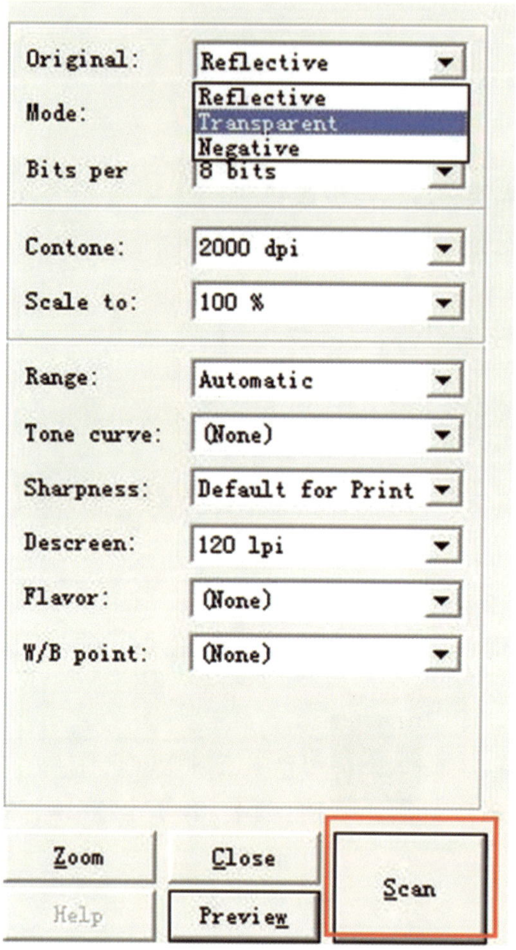

图3-66

中篇

色彩管理实验

EPSON Aculaser C2000
A4幅面彩色激光机
Lemon
Water
Melon
Peach
Strawb

课程目的

本实验教学的色彩管理课程讲述了色彩管理的基本工作原理，介绍了从图像输入、处理、设计呈现到印刷输出的工艺过程中进行色彩管理的基本方法。

主要让学生掌握设计与印刷系统中显示器、扫描仪、数码打样机、印刷机等设备的校正与规范，掌握各设备及印刷系统的特征。并通过使用不同的色域转换策略，处理采集、显示、输出之间色域不匹配的问题，用不同的数据在不同的设备上还原再现相同的颜色。实现扫描仪与扫描仪的匹配、打印机与打印机的匹配、显示器与显示器的匹配、显示器与印刷的匹配、原稿与印刷的匹配，最终达到从扫描到输出的高质量色彩匹配的最终目的。色彩管理系统利用这些具有代表性的颜色特征，实现各设备色彩空间的匹配和转换，最终达到“所见即所得”。

本实验通过学生亲自动手、实际验证，实现图像文件内嵌色彩管理，使图像不管在任何设备上再现都能保持颜色一致。

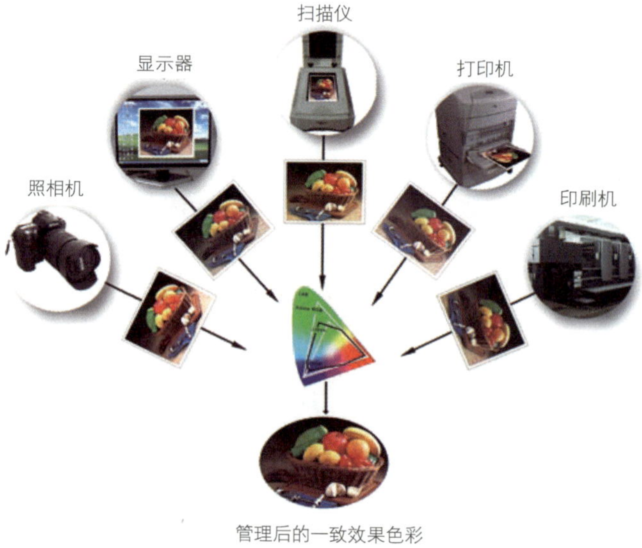

课程的任务要求

①让学生树立明确的职业态度，锻炼扎实的职业技能。

②通过实验教学，结合设备和材料涉及的软件和计算机以及物理学知识，使学生了解色彩管理的操作过程。

③掌握色彩管理的操作要领与技术。

④培养学生运用电脑软件完成色彩校准和合理安排印刷色序的能力，并能通过色彩管理建立色彩标准。

⑤培养学生将艺术与技术高度融合，并运用到设计实践中的综合能力，使设计水平得到提升。

4 色彩管理概述

4.1 认识色彩管理

4.1.1 色彩管理的作用与意义

商业美术设计师对自己的设计稿的输出效果常常会产生如下抱怨与疑问：为什么设计稿在屏幕上显示的色彩与打印效果不一致？为什么设计所需的扫描原稿与最终印刷品色彩发生变化？为什么最终设计稿的印刷成品的色彩和打印效果相差那么大？须知这都是由于显示器、扫描仪、打印机、印刷机的设备之间缺乏色彩管理惹的祸。

那么，色彩管理对商业美术设计有那么重要吗？

回答是肯定的，色彩管理对商业美术设计意图的呈现有重要的意义：

有了科学规范的色彩管理系统，就能将自然界中五彩缤纷的客观事物真实地复制再现出来；能够让商业美术设计明确地得到诠释；能解决或协调我们面对的“视觉效果与实际效果的差异”问题；能实现色彩数据的自由交换而又不受系统方面的限制，等等。

简单来说，色彩管理就是利用计算机技术对色彩进行系统有序的管理，即从图像信号的导入（比如拍摄、扫描等）到中间环节（利用图像编辑软件进行图像处理）再到输出（打印、冲印、印刷等）成品等各个环节，要始终保持色彩的一致性，也就是常说的“所见即所得”。

色彩管理的主要目标是：

①实现不同输入设备间如各种扫描仪、数字照相机、Photo CD等的色彩匹配（图4-1）。

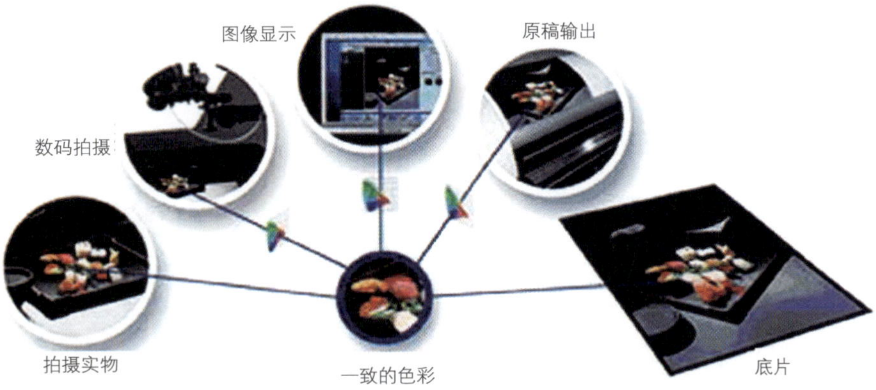

图4-1

②实现不同输出设备间如彩色打印机、数字打样机、数字印刷机、常规印刷机等的色彩匹配。

③实现不同显示器显示颜色的同一性，并使显示器能够准确预示输出的成品颜色。

④最终实现从扫描到输出的高质量色彩匹配。

⑤实现图像文件内嵌色彩管理内容，使图像不管在什么设备上再现都能保持颜色的一致性。

4.1.2 色彩管理的组成部分

所有基于ICC的色彩管理系统，包含四个基本组成部分。

（1）PCS

PCS特性文件连接颜色空间，它允许我们给每一个颜色一个明确的CIE XYZ或CIE LAB数值，这些数值不依赖于复制颜色时所使用的具体设备，而仅取决于我们实际所看到的那个颜色的特征。它是我们用来定义颜色的标准，它可以在各种设备之间传递所有的颜色。

（2）特性文件

特性文件用来描述设备的RGB或CMYK控制信号与那些信号所实际产生的颜色之间的关系。也就是说，特性文件明确定义了RGB或CMYK数值所对应的CIE XYZ或CIE LAB数值。

特性文件能够描述一个或一类特定的设备，也能描述一个抽象的颜色空间，如Adobe（RGB）。ICC的本质是一个查找表，它包含一组设备控制信号值（颜色值）。ICC给予RGB或CMYK值明确的颜色含义，原始的RGB或CMYK值是不明确的，因为它们被发送到不同的设备上，会产生出不同的颜色感觉。特性文件本身不改变RGB或CMYK数值，它只是赋予这些数值特殊的颜色含义，它也不能改变设备的行为，而只是描述设备的行为。例如，一台打印机的特性文件可以描述这台机器在打印一种色彩：比如红色时，实际打印出来的红色里包含了不该有的其他颜色成分，这时色彩管理系统就会通过ICC的描述（ICC的描述是通过测量得来的），自动计算出补偿这种偏差的精确数值并发送给打印机，使打印出的红色更加纯正。

（3）CMM

CMM（色彩管理模块的缩写）通常又叫做引擎，它是一个小程序，用来完成RGB或CMYK数值转换的计算工作。CMM与包含在特性文件里的颜色数据共同来完成这个转换工作。它为色彩管理系统提供了从源设备色彩空间到PCS，以及从PCS到任意目的设备色彩空间进行颜色转换的方法。CMM使用特性文件中对颜色的定义，使目标设备色彩空间中的颜色与源设备色彩空间的颜色相互匹配，而为了匹配这些颜色，就需要对送往目标设备色彩空间的RGB或CMYK值做一定的转换或改变，也就是计算出需要转换的数值，CMM就是完成这个计算任务的。

（4）再现意图

ICC色彩管理规范中包含了四种不同的再现意图，它是处理“色域外”颜色时的四种不同方法，也就是用来处理那些在源设备色彩空间中可以实现，而在输出设备的实际色彩空间中却无法复制的那些颜色的方法。“感知、饱和度”的再现意图使用色域压缩方案，即把源设备色彩空间中颜色的饱和度降低，使这些颜色能够与目标设备的色域相吻合；“相对、绝对”的再现意图使用色域裁剪方案，即把所有超出色域的颜色直接剪切掉，用与它们最接近的颜色来代替。在大量的实践中我们发现，从视觉上讲，“感知”的再现意图更适合人眼对颜色感觉的模拟，而“绝对”的再现意图只追求绝对准确，不考虑因此造成的过渡色的不连续，因为这种再现意图通常会裁剪掉相当数量的颜色而使整体颜色不连贯。它多用于模拟印刷的打样。

4.1.3 什么是ICC

过去我们所使用的封闭式色彩系统经常无法连接不同的设备且具有不同的显色方式，使图片色彩的打印变得几乎无法预测，不同的打印设备其色彩沟通与色彩重现能力遭到较大的困扰。因为各家印前设备的制造商对RGB或CMYK色彩的定义不同，使得相同的RGB或CMYK设置在不同的系统、设备上会呈现不一样的色彩。

为此，1993年国际色彩协会组织（The International Color Consortium，简称ICC）成立。其成立的意义与宗旨是提出并创建了国际间一套共同遵循的色彩标准和理论概念。其主要工作是对目前所使用的所有图像文件格式进行整合，并在统一标准下定义各种色彩复制设备的色彩特征文件(ICC profile)，也就是将输入设备、显示设备、打印输出设备及印刷设备经过特性化的标准程序处理后，产生所谓的色彩特征文件，并通过嵌入图像图形文件的形式，将具有不同设备色彩特征的文件通过不同的设备进行色彩空间转换模式计算，从而达到管理色彩的目的。

在ICC标准的保证下，设备的特性文件可以实现精确的图像显示和输出，即真正的“所见即所得”。由于ICC色彩标准得到了国际上很多权威设计行业的广泛认可，目前绝大多数美术设计、印前打样行业的硬件设备都拥有自己的ICC特性文件，例如Agfa Duoscan、Microtck Artriscan系列高端扫描仪。柯达DCS 620/520系列和尼康的D系列、佳能等专业数码相机，以及惠普Laserjet8550/4550彩色激光Designjet系列大幅面打印机等。同时，大量专业图像处理软件也支持使用ICC特性文件进行色彩管理，例如Adobe Photoshop软件自5.0版本开始引入了多项不同用途的ICC管理文件。其中Adobe RGB(1998)ICC管理文件被确定使用在广泛的专业及商业印刷领域，它的色域包含了RGB和CMYK的广阔范围，给专业设计师提供了更广域的色彩空间模式，最大限度地扩展了能够利用颜色的范围，也可以方便地利用这个专有的ICC工具创建、管理和分配手边现有设备的ICC特性。例如利用Adobe RGB(1998)创建产生自己显示器、数码相机和扫描仪的ICC统一特性文件，使这些设备能够在统一的空间中无损地传输并获得完美的色彩输出效果。

4.2 认识色彩空间

若是有一种颜色的意义与任何特定的设备都不相关，那么这样的色彩空间就是与设备无关的。“色彩空间”一词源于英语“color space”，又称为色域空间，它表示的是一个彩色图像所能够表现的色彩范围，实际上就是各种色彩的集合范围。色彩的种类越多，色彩空间越大，所能够表现的色彩范围就越广。对具体的图像设备而言，其色彩空间就是这个图像设备所能表现的色彩总和。要表述这些色彩，就要按一定的规律把这些色彩组织起来。人们建立了多种类型的色彩模型，以一维、二维、三维及四维空间坐标来规范表示这些色彩，系统化的色彩空间就是某种坐标系统所能定义的色彩范围。

本节将从RGB加色空间、 CMYK减法呈色空间、LAB颜色模型、色域等四个方面进行讲述:

4.2.1 RGB加色空间

RGB的命名来自三种原色的首字母：red（红），green（绿），blue（蓝）。

太阳、白炽灯和荧光灯发出的光都是复合光，由各种不同波长的色光混合，它们同时刺激人的眼睛，使人产生白光的感觉。一定比例的红光和绿光混合刺激人的眼睛，就能产生相当于580nm黄光的感觉。将红（R）、绿（G）、蓝（B）三种色光以不同比例混合，基本上可以产生自然界中的所有色彩，这就是所谓的RGB加色空间。

RGB加色空间中颜色混合的特点是：相混合的各色光的能量值相加，等于被混合色光能量的值。由于混合后色光的能量增加，因而其亮度也增加。

红光＋青光＝白光

绿光＋品红光＝白光

蓝光＋黄光＝白光

RGB加色空间是电子输入设备普遍使用的色彩空间，可以说只要是在电脑屏幕上显示的图像，就一定是RGB模式的色彩空间。当然还包括扫描仪、小型打印机、数码相机、印刷机等设备上的都归于RGB色彩空间。这些设备是通过发射光线或吸收光线来再现色彩的，而不是使用反射光线。RGB加色空间能产生多达1670万种颜色，1670万种颜色似乎是个无穷数了，但与可见光谱的色域范围相比还是要窄得多。

以RGB为基础的色彩空间在计算机绘图中是最常用的。但是以RGB模式产生的色彩在不同的设备间传递会产生差异，它被称为“设备相关色彩空间”。由于设备所属色彩空间只允许在特定设备上与相应的色彩值直接对应，所以RGB色彩空间的图像必须紧密联系设备，只要换了不同设备，它的颜色就会变化。

值得注意的是，设计的图像如果是用于电子媒体显示，如网页、投影、录像等，图像的色彩模式最好用RGB色彩空间模式，因为RGB色彩空间模式的颜色更鲜艳、更丰富，画面更好看。

4.2.2 CMYK减法呈色空间

CMYK是印刷机和打印机等输出设备上常用的色彩空间。

CMYK是印刷油墨名称的首字母：青色（cyan），品红色（magenta），黄色（yellow），而K取的是黑色（black）最后一个字母，之所以不取首字母，是为了避免与蓝色（blue）混淆。

在日常生活中，我们常用颜料、染料以及印刷油墨等按不同的比例混合得出新的混合色。根据物体选择性吸收呈色原理可知，颜料中的青色与黄色混合形成绿色，青色从照射的白光中吸收红光，而反射蓝光和绿光，黄色再吸收了蓝光，最后只剩下了白光中的绿光从混合色中反射出来，从而让人眼看到绿色。这种颜料、油墨混合呈色的方法称为减色混合。经减色法混合后得出的颜色亮度相比原来的亮度是降低的，因为混合后颜色的反射光是不同颜色的颜料分别吸收白光中相应的色光所剩余的部分色光，很明显这种剩余的反射光的能量要比入射光能量小多了。

我们看见周围物体的色彩，譬如一个绿球，在白光中出现绿色是因为此球吸取红、蓝波长，故而反射出绿色。当然，若光源中只发出红、蓝光（或是品红光），此球将呈现为黑色，这是因为绿球表面没有绿光可反射出来。打印机与印刷机必须在纸或者其他材料上再现色彩，其以反射光原理呈现颜色。因此采用青、品红和黄色作为三种主色色墨，通过三色油墨印刷在白纸上后，能够反射光源中的红、绿和蓝色光，不同的色光进入视觉系统就形成了色彩。CMYk减色空间也属于“设备所属色彩空间”。印刷与打印通常采用CMYK的四色减色空间。

从白光中减去RGB三原色中的任一种，将分别得到红、绿、蓝的补色CMY。减去红色，绿色与蓝色产生青色C；减去绿色，红色与蓝色产生品红色M；减去蓝色，红色与绿色产生黄色Y。这是四色印刷中色彩混合的基础组成，但还少了黑色K。RGB与CMYK的色彩空间从理论上是互补的。混合同等数量的青、品红、黄会产生中性灰，而最大量的混合则产生黑色。显示器上可以模拟出这种效果，但在印刷品中却不行。最大量的CMYK混合产生的黑色会发生偏色，成为偏棕色的黑。原因是：颜料及油墨不可能很纯净，通常青色油墨有些偏蓝，而品红色和黄色油墨又有些偏红。所以，当中性灰色从RGB的中性灰在印刷中转成CMY时会略带红紫色。这种现象可以用黑色来补救。但是增加第四种颜色破坏了RGB到CMYK的平等转换，使得RGB和CMYK之间的色彩对应变得更为复杂，没有简单的办法能够使它们一一对应（表4-1）。所以，将RGB图像转换为CMYK图像时，所需的黑色总量及所需的其他色调范围需要一个复杂的算法。

	RGB	CMYK
不同点	色光三元色	色光三元色
	光源成色原理（控制光线）	色光反射原理（控制墨水/碳粉）
	加色方法	减色方法
	光源外设（显示器/扫描仪/投影机/DC/DV）	输出外设（打印机/胶印机等）
相同点	均为混合/合成的色彩，均是依赖于设备的色彩空间	

表4-1

因此，我们设计的图像要在纸上打印或印刷时，应采用CMYK色彩空间的模式，这样在屏幕上所看见的颜色与输出打印颜色或印刷的颜色比较接近。

4.2.3 LAB颜色模型

LAB颜色模型的基础是国际机构（Internationaled Commission On Illumination，CIE，国际照明委）在1931年提出的颜色模型，并作为国际色测量标准。1976年此模型被重新修正并命名为CIELab。同其他CIE颜色模型一样，LAB颜色并不随着校准显示器或打印机的不同而变化。

基于人对颜色的感觉，LAB中的数值是描述正常视力的人能够看到的所有颜色。因为LAB描述的是颜色的显示方式，而不是设备（如显示器、桌面打印机或数码相机）生成颜色所需的特定色料的数量，所以LAB是一种与设备无关的色彩空间。许多色彩管理系统都将它用作色标。它使色彩管理系统能在达到最大精确度的情况下，将颜色从某台设备的色彩空间转换到另一台设备的色彩空间。

用LAB颜色模型可以解决在颜色复制过程中因使用不同的显示器或不同的印刷设备（打印机）而引起的颜色可变性问题，易于产生一致的颜色，而不管用户使用的是何种设备（例如显示器、扫描仪或计算机）。

LAB色域包含RGB和CMYK的全部颜色（图4-2），是一种包含所有颜色的标准化颜色模型。使用LAB颜色，可以保证在创建统一的颜色文件时，与创建或打印该文件的设备无关。

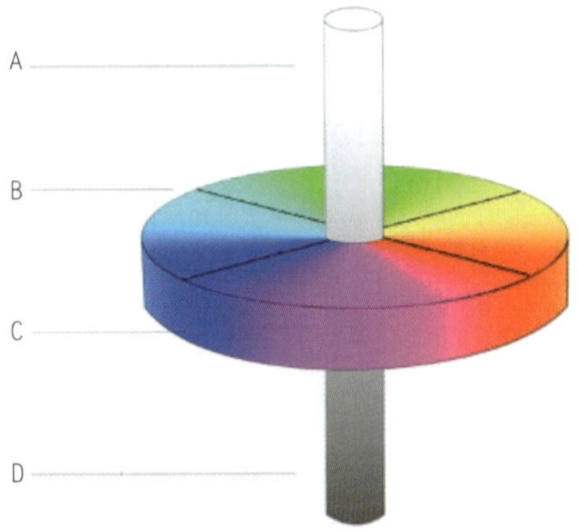

图4-2

LAB颜色空间的定义包括一个光度或亮度组分L和两种色彩组分A和B，其中A组分的分布范围由绿色到红色；B组分的分布范围由蓝色到黄色。

值得注意的是，在一般情况下可以将CMYK转换为RGB，将RGB转换成LAB，但不能将LAB转换成RGB，或将RGB转换为CMYK，如强行转换将会丢失颜色数据。

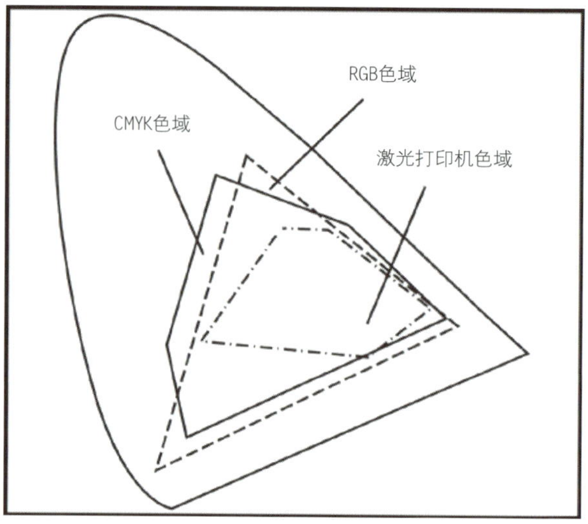

图4-3

4.2.4 色域

我们在RGB、CMYK和LAB中编辑图像，其本质的区别是在不同的色域空间中工作。色域就是指某种表色模式所能表达的颜色数量而构成的区域范围，也可以指具体介质如屏幕显示、打印机输出及印刷复制所能表现的颜色范围。自然界中可见光谱的颜色组成了最大的色域空间，该色域空间中包含了人眼所能见到的所有颜色。在色彩模式中，LAB色域空间最大，包含了RGB、CMYK中所有的颜色。

RGB色彩空间与CMYK色彩空间分别在CLE色彩空间中的色域如图4-3。扫描仪、显示器、数码照相机一般采用RGB色彩空间表达色彩；彩色打印机、打样机、印刷机等一般采用CMYK色彩空间表达色彩。RGB色彩空间比CMYK色彩空间的色域要大。使用RGB空间的设备向CMYK空间的设备进行色彩传递时，实际上是颜色数据在色彩空间中进行转换，这时候由于两种设备的色域不同，往往会造成落在公共色域以外的色彩表达不出来或者被忽略掉。

要描述一台打印机的色域，首先要用打印机打印一些测试色条，这些色条包括各种主要颜色及较难复制的颜色，然后用光谱仪测量色条上的CIELab数据，再以软件把数据写成ICC格式的对照档。对照档内除了包括设备的色域资料外，同时亦可包括设备的生产特性，如黑版特性、网点扩大值等。有了设备的对照档，色彩运算软件便可参照两台设备的特性资料，把设备的色域置于CIELab色彩空间内进行比较和转换，从而获得较理想的模拟效果。这种技术目前已达到生产应用的阶段，其中应用最多的是以屏幕模拟印刷色域，及以打印机模拟印刷色域。由于屏幕的色域相比印刷色域要大，这种情况下的模拟又叫色域压缩模拟。整个模拟过程都是将对照档内的数据作为运算基础，因而对照档的产生和管理便成为最重要的工作。

4.3 几种主流色彩管理系统

4.3.1 Adobe的Photoshop色彩管理系统

Adobe公司最著名的图像处理软件Photoshop，在图像处理领域有着举足轻重的地位。同时，Adobe公司还极力把Photoshop发展成为一个完整的色彩管理系统。Photoshop软件的色彩管理特性是由显示器设置(Monitor Setup)、印刷油墨设置(Printing Inks Setup)和分色设置来控制的。

为了使用户在屏幕上看到的颜色尽可能地与输出样张的颜色相接近，必须首先对用户的系统进行校正，准确的色彩工作流程一定是从显示器校正和显示器设置开始的。“Monitor Setup”包括显示器校正和显示器设置两个部分。在显示器中对显示器类型、磷光粉、色温等数据进行正确的选择，这样，在对图像进行色彩模式的转换时，就可以根据以上参数的设定进行正确的颜色转换。

印刷油墨设置的基本目的是为Photoshop提供最终印刷所用的油墨、纸张以及印刷机械的信息。不同的纸张对油墨的吸收力和网点扩大率不同，不同油墨的呈色性不同，不同印刷方式的网点扩大率也不尽相同，所以需要在“Printing Inks Setup”中对这些参数进行设置。在从RGB图像数据和在“Monitor Setup”中得到的显示器数据中获取基本信息后，就可以按照最终印刷条件的特性来完成色彩模式的转换了。

分色设置中最重要的一项是黑版量的确定。理论上讲，一个RGB值分色可以产生多个CMYK值，而最终的印刷效果应该相同。但是，由于不同印刷纸张的受墨量和不同的印刷机械的特性，使理论上的可能不能完全实现，所以有必要对分色的类型和黑版量、印刷总网点百分比进行相应的设置。

4.3.2 Apple的ColorSync色彩管理系统

ColorSync是由苹果公司发布的色彩管理系统，它采用ICC标准，以Lab色空间作为标准参照空间，是在Mac操作系统下应用的系统色彩管理软件。它是一个开放式的色彩管理系统，用户可以通过ColorSync的Plug-in模块进行不同色彩管理系统之间的色彩转换。ColorSync系统包括三个组成部分：一个ICC标准的色彩描述文件、色彩匹配方式(CMM)和应用软件界面(API)。

设备描述文件定义了设备的颜色特性信息，通过这些信息可以获取所使用设备能够显示、捕捉和重现的色彩范围。当使用ColorSync建立一个文件时，文件中就会存储一个Profile文件，这样，在其他的设备上处理带有ColorSync描述文件的图像时，ColorSync就会通过比较建立图像的设备特性与显示器的特性，进行色空间匹配运算，从而获得最佳颜色效果。

色彩匹配方式是ColorSync的核心部分，它实现不同色彩空间的转换。更重要的是，ColorSync的色彩转换模式采用了Linotype Hell的高素质色彩匹配技术，用户可以使用更佳的色域压缩方法来处理色域以外的颜色。

由于各种应用软件对色彩的表现力有所不同，从图像扫描到最终复制，同一图像色彩会有不同的外观。为了在工作中能够时刻掌握准确的色彩，就需要将这些应用软件进行有效的色彩匹配。色彩匹配方式可以通过ColorSync的应用软件进行，从而达到一致的目的。

4.3.3 Kodak的色彩管理系统

Kodak是同时支持PC和Mac平台的色彩管理系统。与Apple的ColorSync和Adobe的Photoshop不同，Kodak的色彩管理系统倾向于用模块化的方式进行色彩管理，而且提供了几种局部性的模块，将这些模块组合在一起就可以构成一个完整的色彩管理体系。它还具有针对Photo CD图像输入过程的色彩管理功能。

Kodak色彩管理系统一般包括KPCMS、DCP、picC及PCS100四个模块，它们既可分别使用，也可组合成为一个完整的色彩管理系统。

KPCMS模块（Kodak精密色彩管理系统）提供了足够多的符合ICC标准格式的设备描述文件。其输入设备包括RGB图像来源和CMYK图像来源，其输出设备包括打印机和打样机。但由于它本身不能编辑设备描述文件，因而有很大的局限性。

DCP模块（设备色彩描述文件启动软件包）是专为Photo CD图像提供显示和输出色彩校正的软件包，当打开Photo CD图像时，要求用户选择两个设备描述文件：输入设备描述文件是一个Photo CD设备的描述文件；输出设备描述文件可以是显示器描述文件，也可以是一个色彩打样机描述文件。

picC模块（精密输入色彩特性化）提供一个扫描仪实用标准程序而增强了DCP的功能。

对于高级的图像处理和扫描应用程序，Kodak提供了PCS100模块加速Photo CD和Prophoto CD图像的色彩转换过程。利用PCS100模块，可以生成各种设备之间的直接连接，以跳过向CIE色空间的中间转换过程，节省每次转换的时间，并减少转换过程中的色彩损失。

4.3.4 Eye-One色彩管理系统(本实验以该系统为主)

Eye-One（一眼通）用于创建和编辑设备的色彩配置文件，该管理系统是特别为对色彩有极高要求的创作专业人士设计的，是一套足以满足所有色彩管理要求的系统。Eye-One将最快捷地解决所需的色彩问题。

Eye-One的工作原理：一眼通色彩管理系统用于创建和编辑设备的色彩配置文件，设备包括扫描仪、显示器、数码相机、数码投影仪、打印机、冲印机等。然后把色彩配置文件应用到应用程序、驱动程序或RIP中即可获得正确的颜色。当今所有专业影像和设计工具都支持色彩配置文件，因此很容易就能将色彩配置文件加入作业流程。Eye-One色彩管理系统硬件和软件如下：

（1）硬件

Eye-One Pro分光光度仪——此高精度测量仪器不但能测量制作配置文件的色表，还可读取反射稿专色、测量自然光和闪光灯，更可用做显示器和数码投影机校准仪。

（2）软件

①Eye-One Match匹配软件——易于使用的色彩管理软件，用于制作显示器、扫描仪、输出机、数码投影机、数码相机（需硬件配置支持）的配置文件。

②Eye-One Share共享软件——创建自定义的色库，拾取专色和光源，与其他合作伙伴分享同一个标准。

③Eye-One Editor编辑软件——基础版配置文件编辑软件。

（3）附件

①色表读取定位板——协助对色表做扫描测量，免费配套于所有Eye-One Pro套装。

②测量定位座——用于Eye-One Pro上的重点测量定位座、显示器校准测量定位座和光源测量头。

（4）套装设备

①Eye-One Design（设计师套装）是为专业创作人士度身定造的入门级色彩管理系统。

②Eye-One Photo（摄影冲印套装）是为专业摄影人士度身定造的最完整的全色阶色彩管理系统。

③Eye-One Proof（印刷打样套装）是专为小型印前和专业印刷公司准备的理想的色彩管理系统。

④Eye-One XT（完全版顶级套装）适合所有工作流程，可处理几乎所有的色彩管理问题和疑难。

5 色彩管理的工作流程

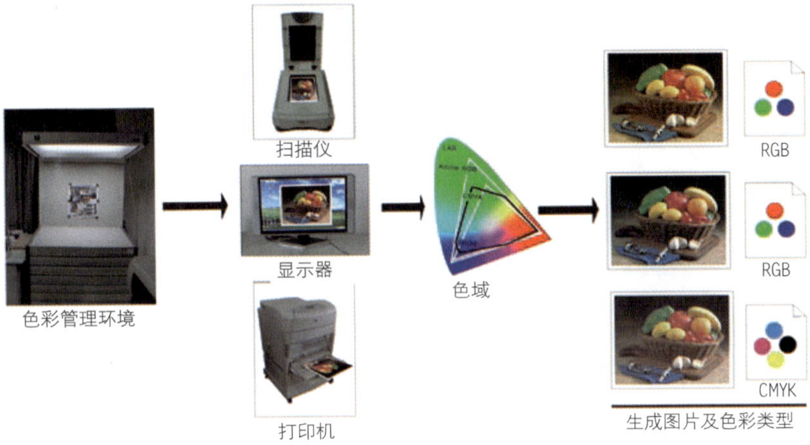

图5-1　色彩管理工作流程图

要做到高品质的色彩复制，色彩管理过程就必须做到十分精准。技术工作者经过长期的努力与探索，研究开发了色彩管理系统，从而使用户可以预见色彩在某些特殊的设备上的复制效果，以达到精确地复制色彩，实现“所见即所得”。下面介绍在色彩管理过程中要做到的四个重要环节：建立标准的颜色环境、校准、系统设备色彩特性化、色彩转换（图5-1）。

5.1 建立标准的颜色环境

色彩管理的实施首先要求具有稳定的颜色环境，使原稿颜色、屏幕颜色和印刷品颜色的效果一致。

5.1.1 采用标准环境光源

分辨色彩离不开光源，为了准确地分辨色彩，应该使用标准光源。目前许多企业由于没有色彩标准光源，严重影响了对反射稿、印刷品颜色的观察，经常导致由于观察样品的环境光线色温不同，制作产品产生颜色差异而返工，同时也影响了显示器所显示的颜色，致使调整色彩时造成误差。因此，采用标准的环境光源、保持室内光线恒定是很重要的。

5.1.2 采用标准透射光源

检测透射原稿时一定要用标准透射光源。国内外规定采用5000k（d50）荧光灯管。一些单位采用cpm（迷你）系列标准透射光源，它的光照十分均匀柔和，结构小巧玲珑，厚度只有 4 厘米，重量不过几千克，放在工作站旁边检测彩色反转片时色彩逼真，色彩还原准确性较高。

5.2 校准

为确保仪器正常，补偿设备的老化和其他因素的变化，色彩管理的第一步就是设备校准。设备校准的目的是定期对设备进行调整，使之保持正常状态。为了确保色彩信息传递过程中的稳定性、可靠性和可持续性，要求对显示设备、输入设备和输出设备进行校准，以保证它们处于正常的工作状态。

校准一般包括显示设备校准、输入设备校准和输出设备校准。显示设备校准的方法一是使用Adobe Gamma控制面板程序与Mac系统下的显示器控制面板程序进行校准；二是使用专业软件，并用屏幕测量仪器来校准。输入设备校准一般应用于数码相机和扫描仪，不同厂家生产的产品都有其独特的色彩校准系统。输出设备校准在进行特性化之前，首先需要使用不同的输出设备输出标准色表，如IT8.7/3、EC12002等，然后再通过专业软件与测量仪器完成特性化。

5.3 系统设备色彩特性化

系统设备色彩特性化的目的是确立图像设备或显色材料的色彩表现范围，并以数字方式记录其特征，以便进行色彩转换。设备特性化就是通过精密仪器测量、与标准色标的色域进行比较等方法来确定不同的显示、输入和输出设备可显示或可复制的色域范围，并建立各设备相应的特性化描述文件。

系统设备色彩特性化分为三个部分：显示设备的特性化、输入设备的特性化、输出设备的特性化。

5.4 色彩转换

色彩转换是在对系统中的设备进行校准的基础上，利用设备特性化描述文件，以标准的设备色空间（CIEXYZ/CLDIDB）为桥梁，将图像色彩从一种设备的色域数据转换为另一种设备的色域数据的过程。色彩转换技术涉及两个方面的问题，一个是设备所采用的色彩空间的特征能呈现色彩的范围，另一个是色彩空间之间转换时的映射方法。色彩转换主要涉及三方面的内容：设备色域、同色域色彩转换、异色域色彩转换。

6 设备校准与特性化实验

6.1 实验一 扫描仪的色彩管理与实验流程

6.1.1 扫描仪的成色特点

扫描仪分滚筒式扫描仪和平台式扫描仪。扫描仪使用RGB滤色镜，把色彩分解成红绿蓝或者黄品青黑信号。

分辨率：光学分辨率（水平分辨率和垂直分辨率）为插值分辨率，也叫最大分辨率。

位深度：表示扫描仪能够扫描的颜色数目，如48位色深度，采用16位模数转换器，能够捕捉的颜色细节大大超出了人眼所能察觉的范围。

色彩模式：扫描仪一般采用RGB三色滤色器，所以理论上扫描仪一般是以RGB模式扫描原稿，但是有些扫描仪有内置色彩转换器，将原稿直接转换成CMYK模式。

6.1.2 扫描仪的校准

大部分的扫描仪都会在启动的时候自动校准。扫描仪内部的光源是恒定的，扫描仪将以一个内置参考物（标准白板与标准黑板）为准来进行自检。如果不能自动校准，则必须手动校准。

手动校准扫描仪的步骤如下：

①扫描仪开机半小时稳定后，扫描标准色标，用系统缺省的扫描参数扫描。

②扫描标准灰梯尺后，通过Photoshop测量灰梯尺的颜色数据，在扫描软件中进行黑场、白场定标。

③调节中间调的伽马值，使灰梯尺11阶在125左右。

④观察灰梯尺上每一梯的RGB数值，看其是否相同。单通道调节三者的数值，使RGB数值相等。

6.1.3 扫描仪的特性化

（1）扫描仪的特性化需要以下必备物件

①标准的透射与反射色表，如IT8.7/1与IT8.7/2。

②与标准色表上每一色块相对应的CIE色度测量值，或者用印刷色彩控制设备进行测量。

③专业印刷色彩控制软件，即特征文件生成软件。

（2）常用的设备特性化硬件

①Gretag-Macheth：Eye-One、Spectrlino。

②X-Rite：DTP系列，如DTP92（屏幕测色）。

（3）常用的特性化软件

①X-Rite(爱色丽)：Monaco Scan、MonaView、MonacoPrint、MonacoProof、MonacoProfiler。

②Gretag-Macheth(格灵达-麦克贝斯)：ProfileMaker Eye-one Macth。

③Heidelberg：Scanopen、Viewopen、Printopen。

④EFI：ColorProfiler。

⑤Creo-Scitex：ProfileWizard Pro。

（4）Eye-one标准色表

Eye-one标准色表（图6-1）适用于反射光和透射光。不同生产商提供的成像材料的色度板和其参考数据有关。

图6-1

6.1.4 扫描仪特性化文件的应用

一旦得到扫描仪特性文件，就应该对扫描图像进行特性文件的指定。可通过Photoshop软件的“指定配置文件”来进行（图6-2）。

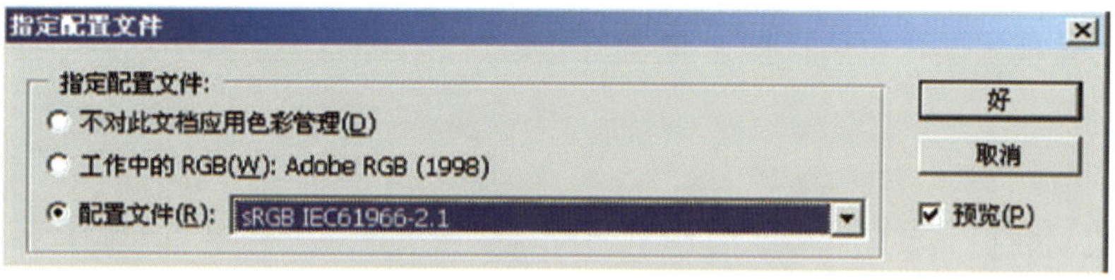

图6-2

多数情况下，扫描仪的特性文件并不仅仅用于扫描图像，而是将不同的设备通过特性文件建立联系，使图像的色彩在不同的设备上得到正确的反映。例如，扫描图像的色彩校准，是将扫描仪特性化文件、显示器特性化文件、输出设备特性化文件相互连接，通过色彩转换完成校准（图6-3）。

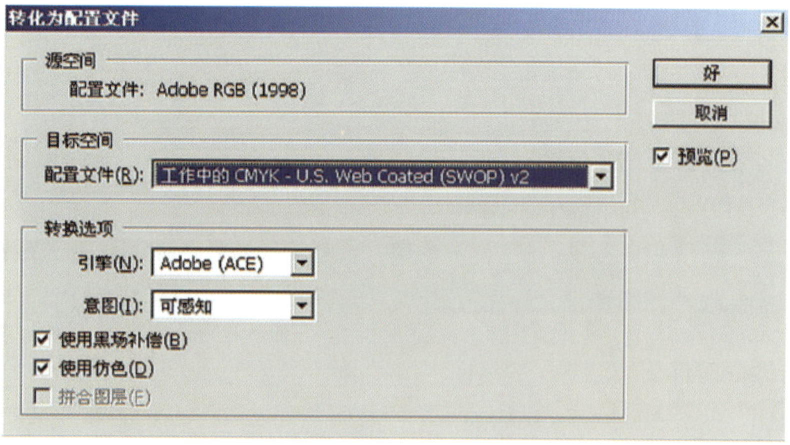

图6-3

6.1.5 扫描仪的校准与特性化实验流程

（1）实验器材

①扫描仪。

②Eye-one校色仪。

③Eye-one标准色表。

（2）实验流程

①开机预热。

②选择扫描仪，点击反射扫描按钮，按屏幕右下角的箭头继续（图6-4）。

③校准Eye-one数据（图6-5）。

a.检测完后，把Eye-one放回校准座；

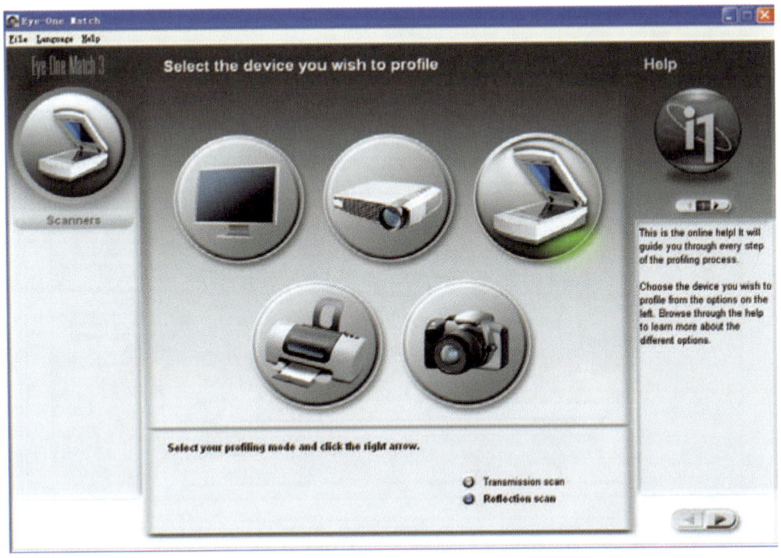

图6-4

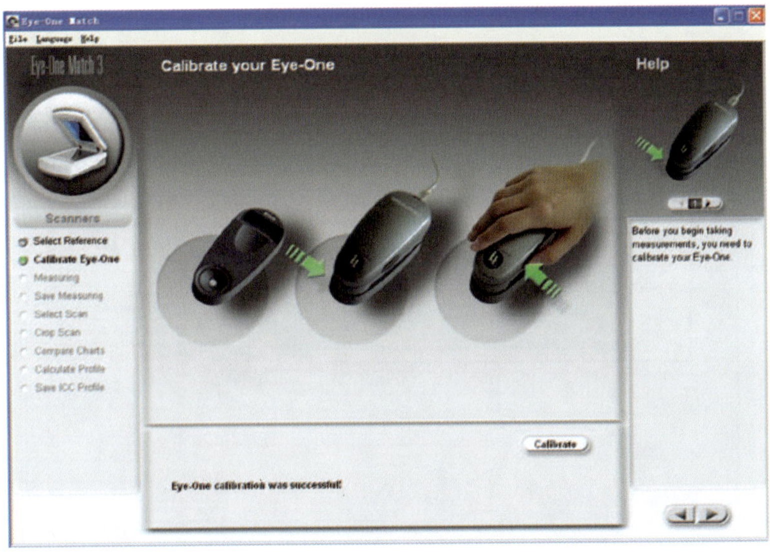

图6-5

b.大拇指按下Eye-one上的黑色按钮；

c.校准完数据，点击屏幕右下角的箭头继续。

④扫描Eye-one标准色表。

a.用Eye-one将打印出来的每条色块记录到软件中（图6-6）；

b.按住Eye-one大拇指位置的黑色按钮不放；

c.从有数字的位置以均衡速度一直拉到另一头，然后再松开黑色按钮。

⑤保存扫描仪信息（图6-7）。

a.扫描Eye-one标准色表，保证100%大小，以及300像素的分辨率，不使用任何色彩模式；

图6-6

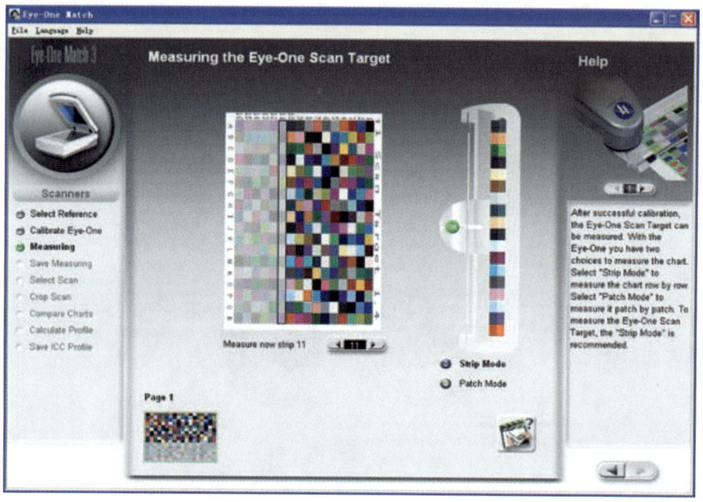

图6-7

b.保存在“扫描文件夹”，为TIFF格式。

⑥回到Eye-one软件，将扫描好的彩色图表载入，点击继续（图6-8）。

图6-8

⑦调整选框到色彩区域，通过放大镜可以看到调整的准确度（图6-9）。

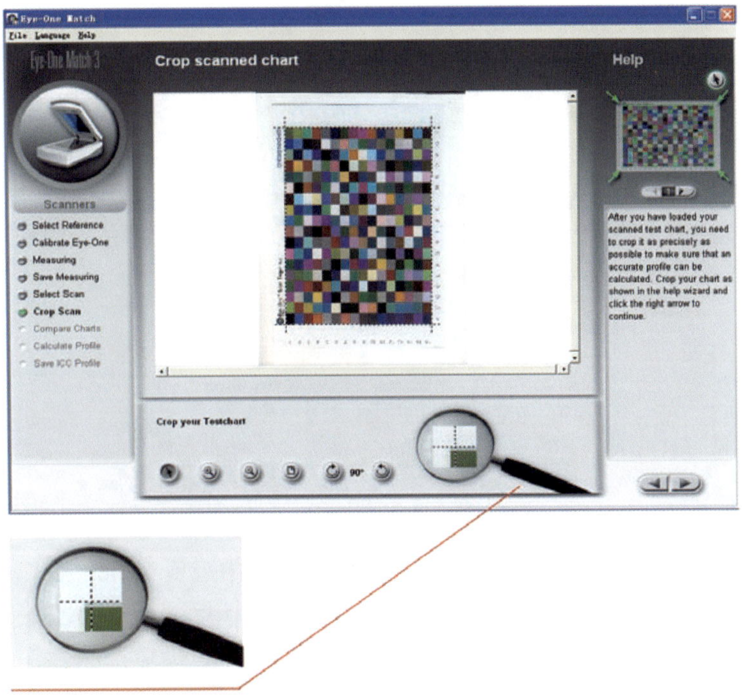

图6-9

注：通过工具栏图标作  放大、缩小， 全图显示， 旋转画布操作。

⑧Eye-one获取色表与扫描仪色表进行对比（图6-10）。

a.比较这两个色表，检查它们是否看起来相同；

b.如果不同，点击左边的箭头；如果相同，点击右边的箭头来计算扫描仪数据。

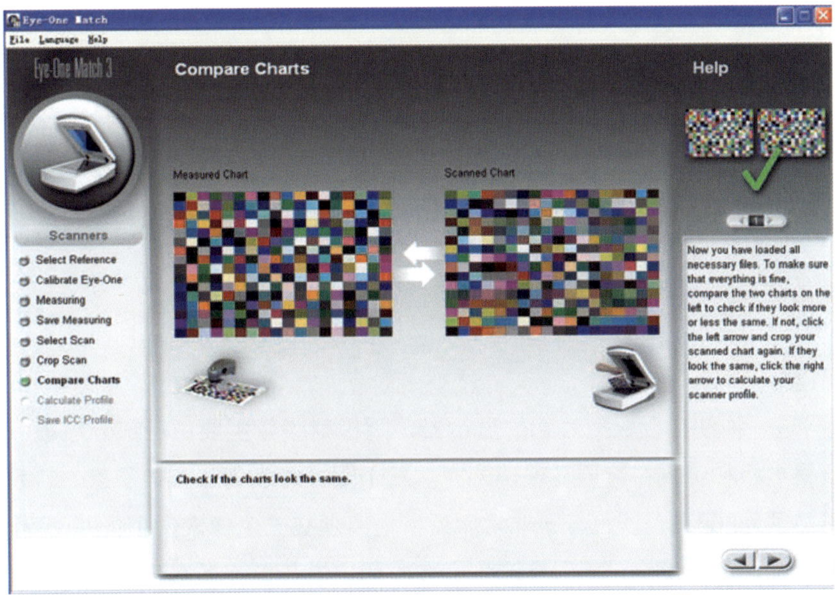

图6-10

⑨扫描仪资料已经计算成功，生成ICC文件（图6-11）。

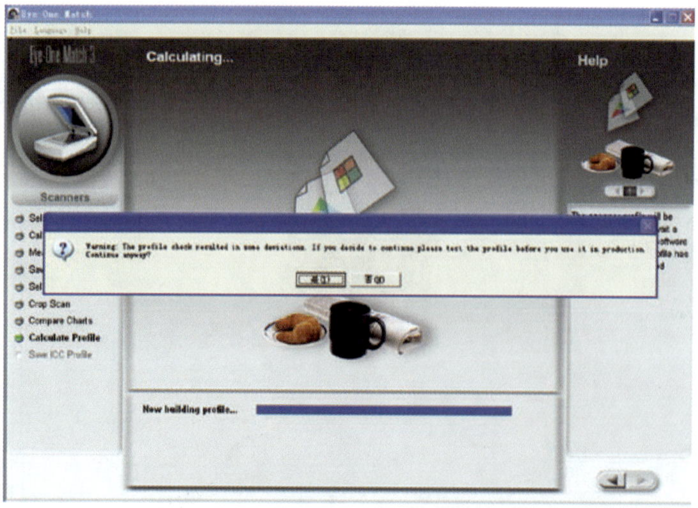

图6-11

⑩保存文件，扫描结束，可将扫描仪ICC文件导入数码设备中运用（图6-12）。

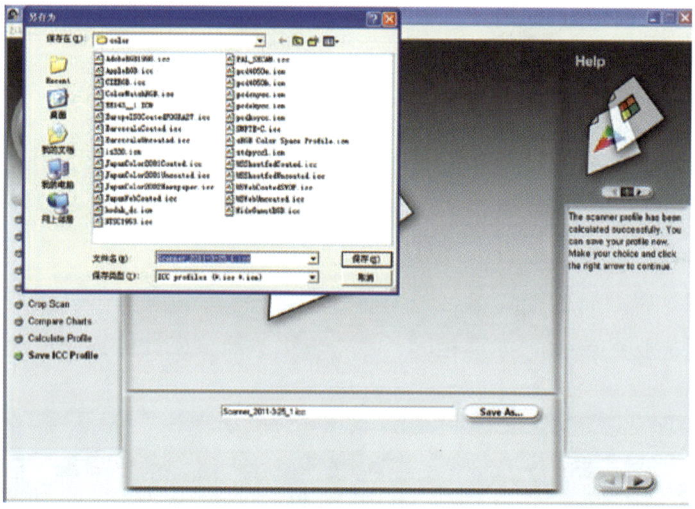

图6-12

6.2 实验二　显示器的色彩管理与实验流程

6.2.1　显示器的类型

（1）GRT型号显示器

GRT型号显示器是一种使用阴极射线管的显示器，阴极射线管主要由五部分组成：电子枪、偏转线圈、荫罩、高压石墨电极和荧光粉涂层及玻璃外壳。三个阴极能发射三束电子束，且发射受三个基色信号的控制；荧光粉必须为RGB三色，且分布非常靠近（距离须在一个像素内）；RGB三个荧光粉涂层的发光效率高，色彩纯度高，饱和度高，能混合产生标准白和中性灰色。所选三原色，在混色时应获得尽可能多的彩色，反映在色度图中就是三原色所形成的三角形面积尽可能大。

（2）液晶LCD型显示器

液晶（liquid crystal）是一种介于固态和液态之间的物质，是具有规则性分子排列的有机化合物。LCD显示器结构基本的半导体数码管由七个条状二极管芯片排列而成，可实现0~9的显示。其具体结构有发射罩式、条形七段式、单片集成式和多位数字式等。

6.2.2 显示器的校准

显示器的校准是使显示器的显示特性符合其自身设备描述文件中设置的理想参数值，使显示卡依据图像数据的色彩资料，在显示屏上准确显示色彩。

（1）使用Adobe Gamma控制面板程序校准显示器

①将显示器打开后预热半小时，使显示器处于稳定状态。

②将室内光源调节到一个稳定的水平，以免这些动态变化影响显示效果，设定显示器的亮度和对比度。

③关掉所有桌面图案，将显示器的背景色改为中性灰，这样就不会在校准过程中对视觉造成影响，而且有助于调节灰平衡。

④调出Adobe Gamma控制面板，在对话框中选择适当的目标Gamma值，设定为2.2。

⑤设定Gamma值，在Gamma区中调整，直到三角形滑块上方的两种色块视觉效果相近、没有明显界限为止。

⑥校准完成。

校准结果马上会对显示器的显示起作用，并且每次启动计算机时，设定值都会通过操作系统中的“启动”菜单项目自动调用生效。

（2）Mac系统下的显示器控制面板程序校准步骤

如图6-13所示为显示器控制面板程序校准步骤。

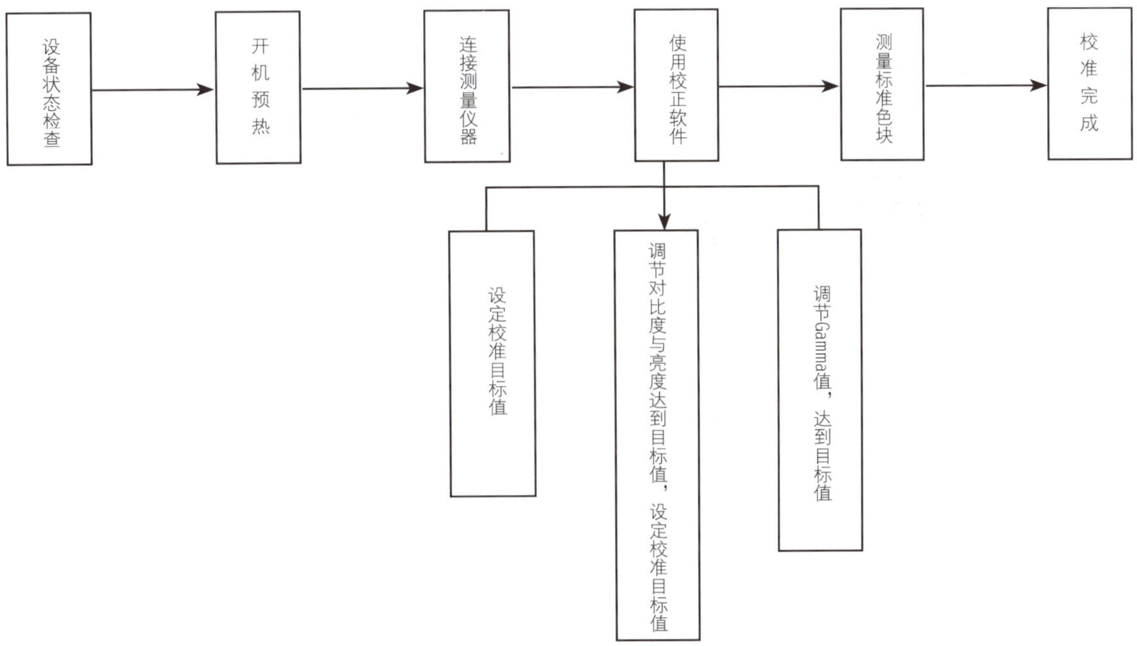

图6-13

6.2.3 显示器的特性化

特性化步骤：

①显示色块。

②测量色块。

③生成特性化文件（图6-14）。

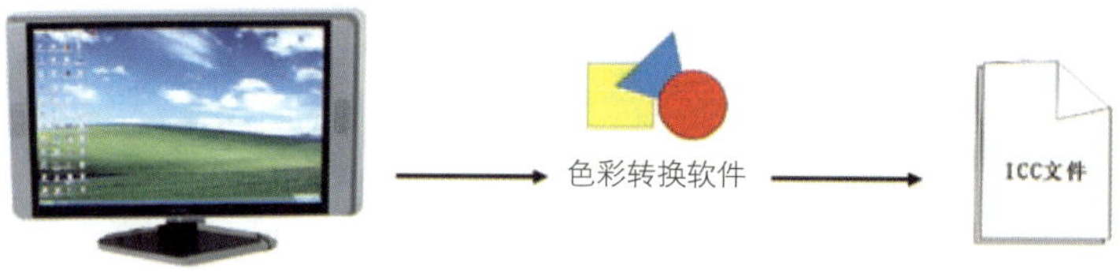

图6-14

6.2.4 显示器特性化文件的应用

显示器特性化后生成的特性文件通常会自动放入计算机操作系统的相应位置，即C:/Windows/system32/spool/driver/color（Windows XP用户）；C:/Winnt/system32/ spool/driver/color（Windows 2000 Professional用户）。显示器校准与特性化完成后，显示器特性化文件就会出现在此窗口中，并为选用状态，说明显示特性文件是由计算机系统自动调用并自动发挥作用的。

6.2.5 显示器的校准与特性化实验流程

（1）实验器材

①显示器。

②Eye-one校色仪。

③Eye-one标准色表。

（2）实验流程

①开机预热。

②打开色彩管理软件Eye-one Match 3，选取显示器，点击下一步，进行校色及ICC文件的生成（图6-15）。

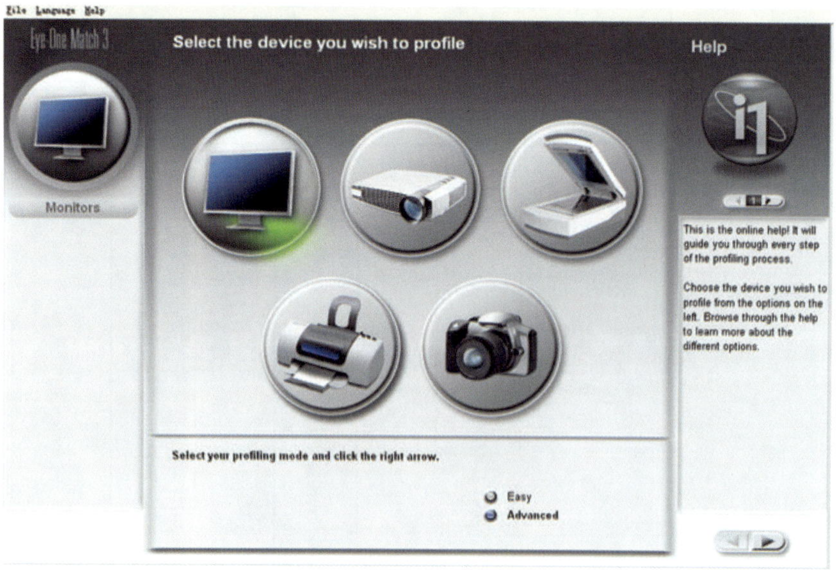

图6-15

③选择显示器的三种类型中的一种进行校准（LCD/CRT/Laptop）（图6-16）。

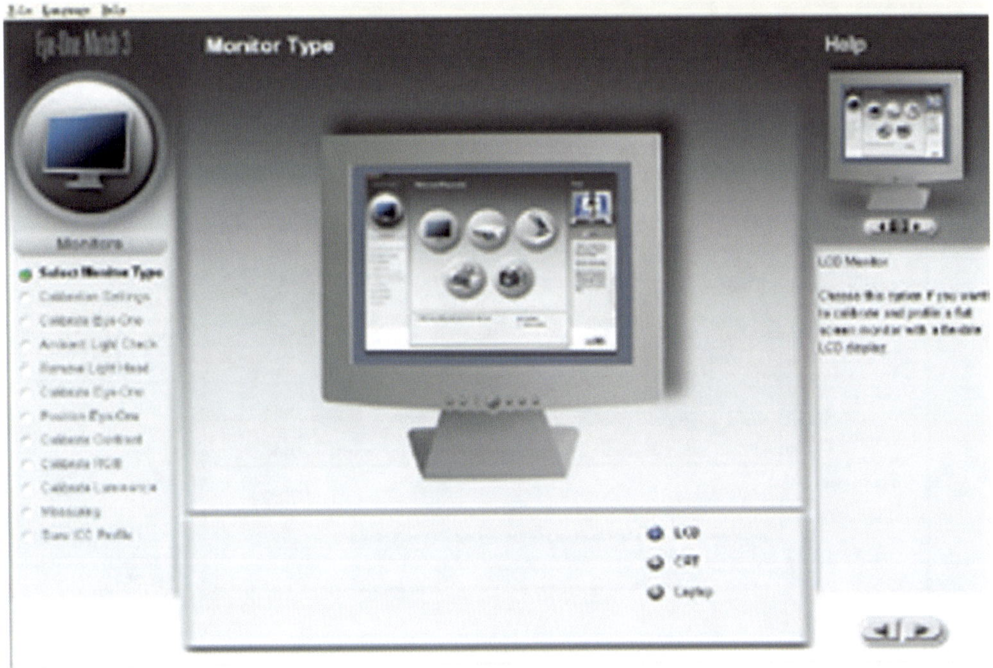

图6-16

④调整显示器的固定值（图6-17）。

a.调整所选取显示器的色温值、Gamma值和亮度值；

b.选择“Perform ambient light check”检测环境光。

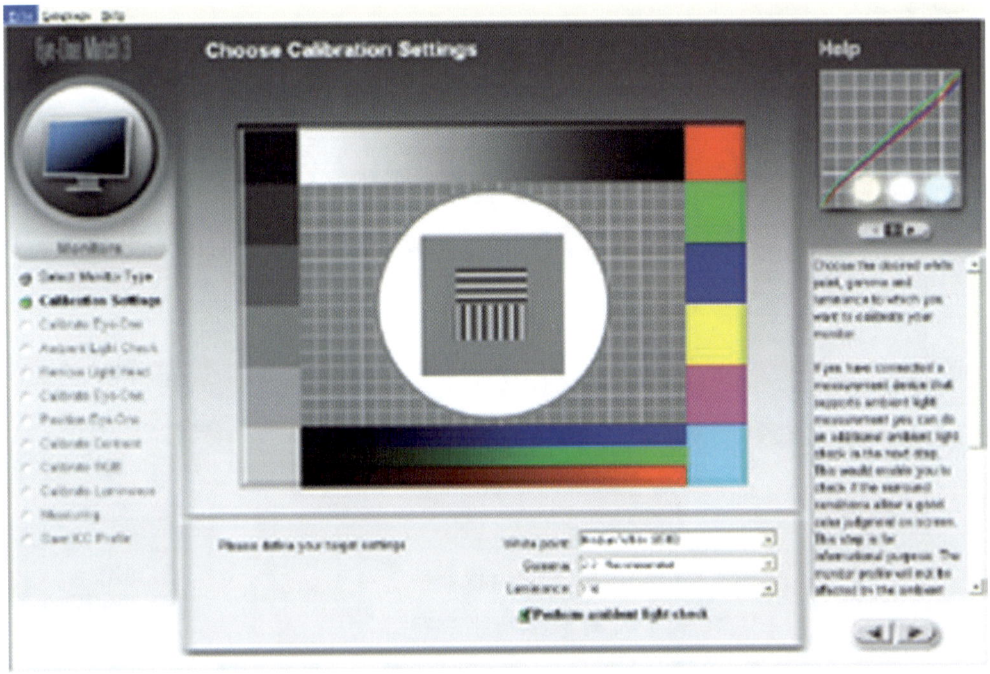

图6-17

⑤校准Eye-one（图6-18）。

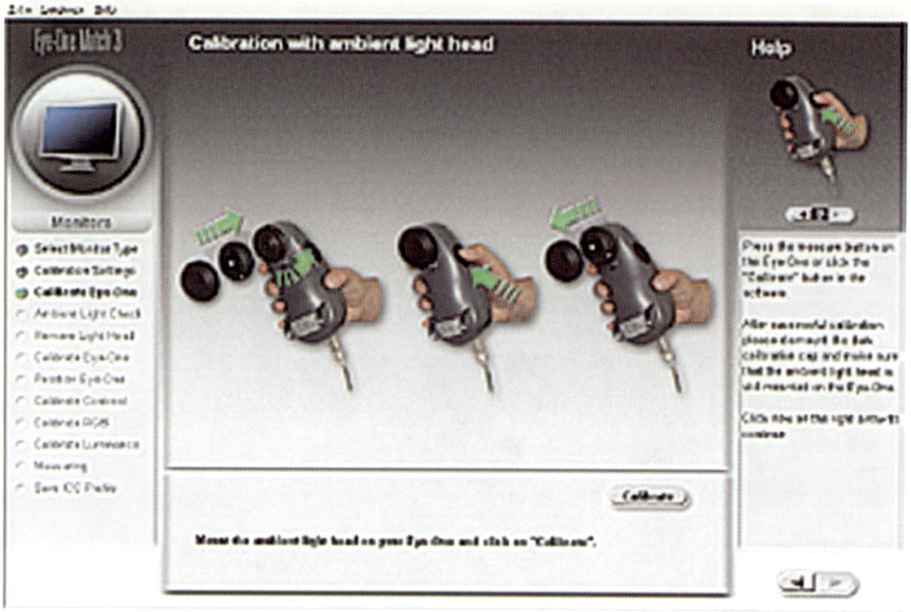

图6-18

a.将校准盖扣入Eye-one中；

b.点击左边黑色按钮，进行Eye-one自我校准；

c.取下校准盖外层。

⑥检测环境光线及色温（图6-19)。

a.Eye-one放在显示器中间将白色检测点对准光源处；

b.大拇指按住Eye-one上的黑色按钮。

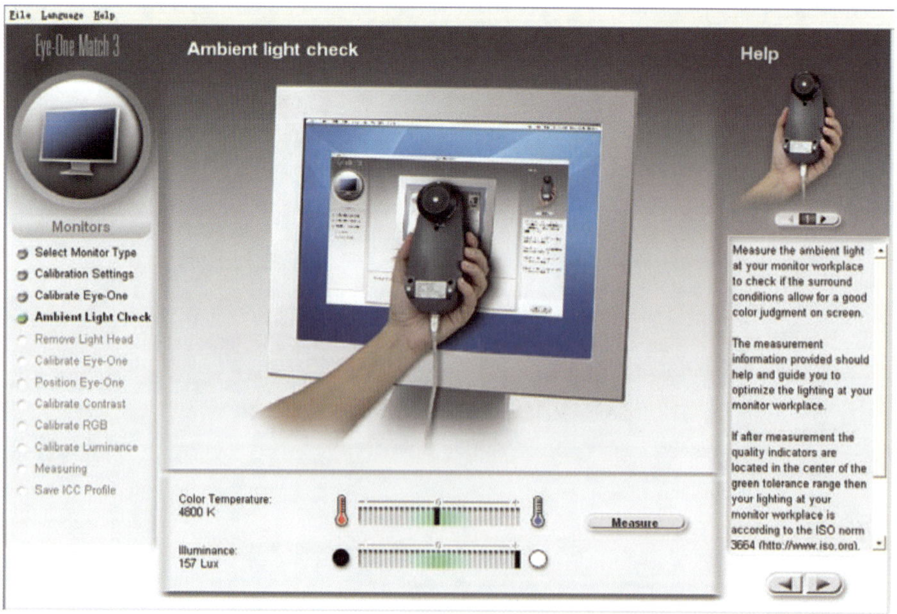

图6-19

⑦校准Eye-one数据（图6-20）。

a.检测完后，把Eye-one放回校准座；

b.大拇指按住Eye-one上的黑色按钮。

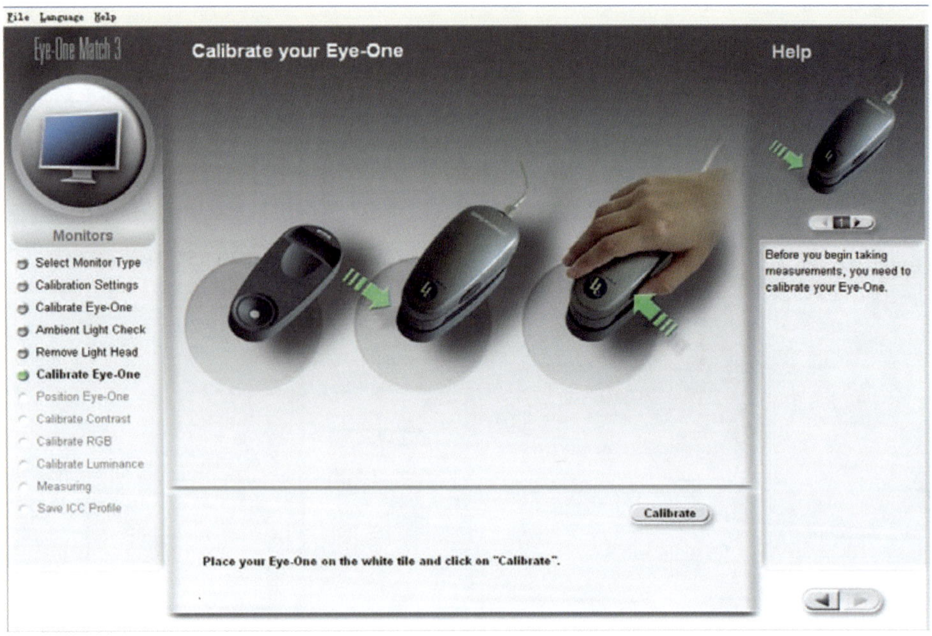

图6-20

⑧Eye-one检测显示器的色彩变化（图6-21）。

a.将Eye-one放入专用吸盘中；

b.贴附在显示器上。

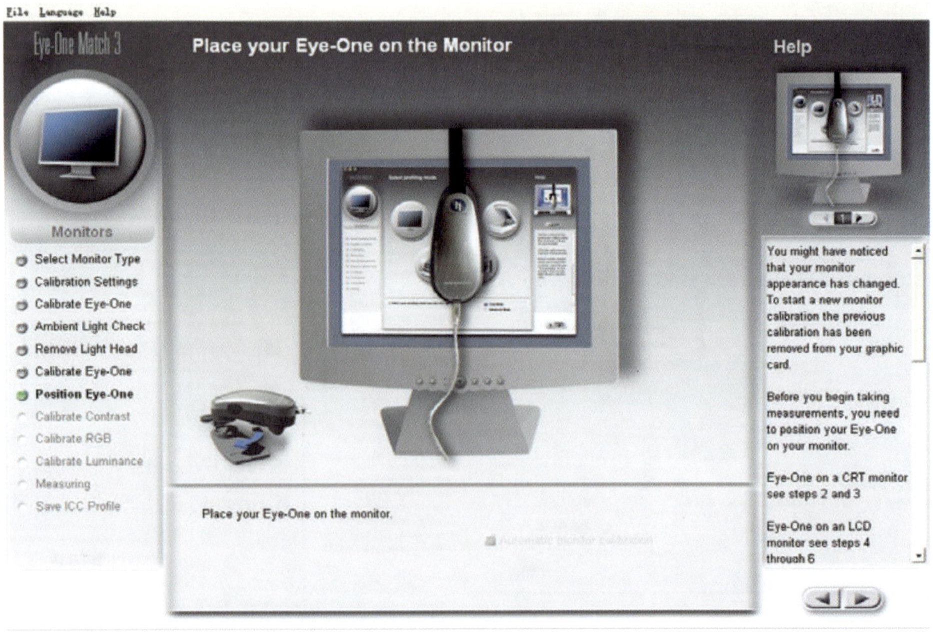

图6-21

⑨显示器对比度的调整（图6-22）。

a.调整显示器对比度达到100%；

b.点击Start，软件开始自动识别Eye-one点的位置；

c.进行对比度校准。

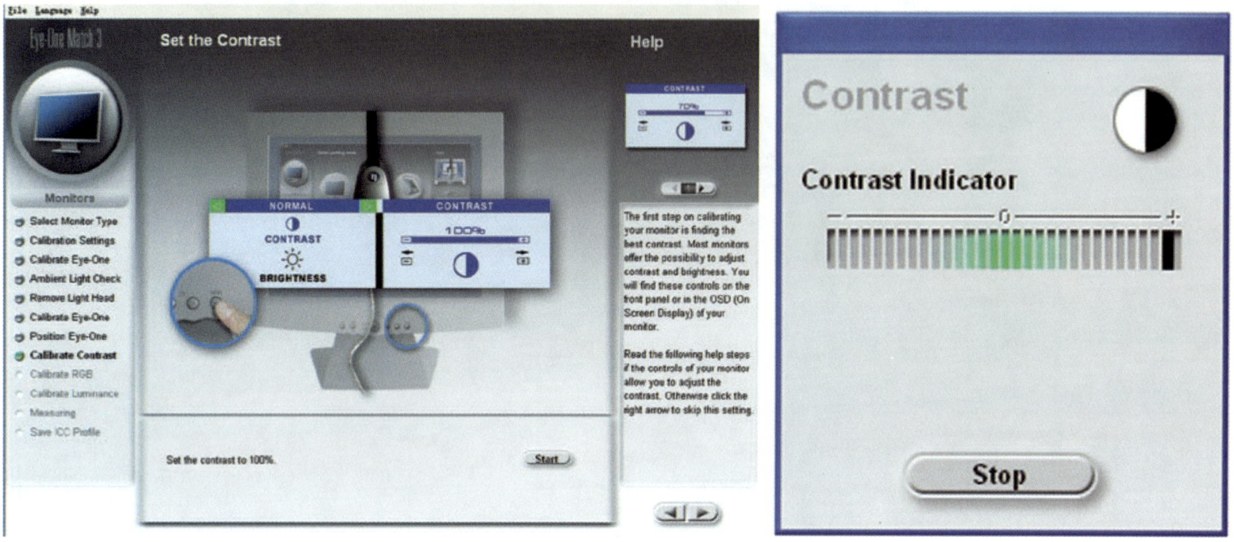

图6-22

⑩显示器RGB值的校准（图6-23）。

a.将RGB数值设定成屏幕中提示的数值；

b.点击Start进入校准；

c.调整到RGB色条居中、色温值一致。

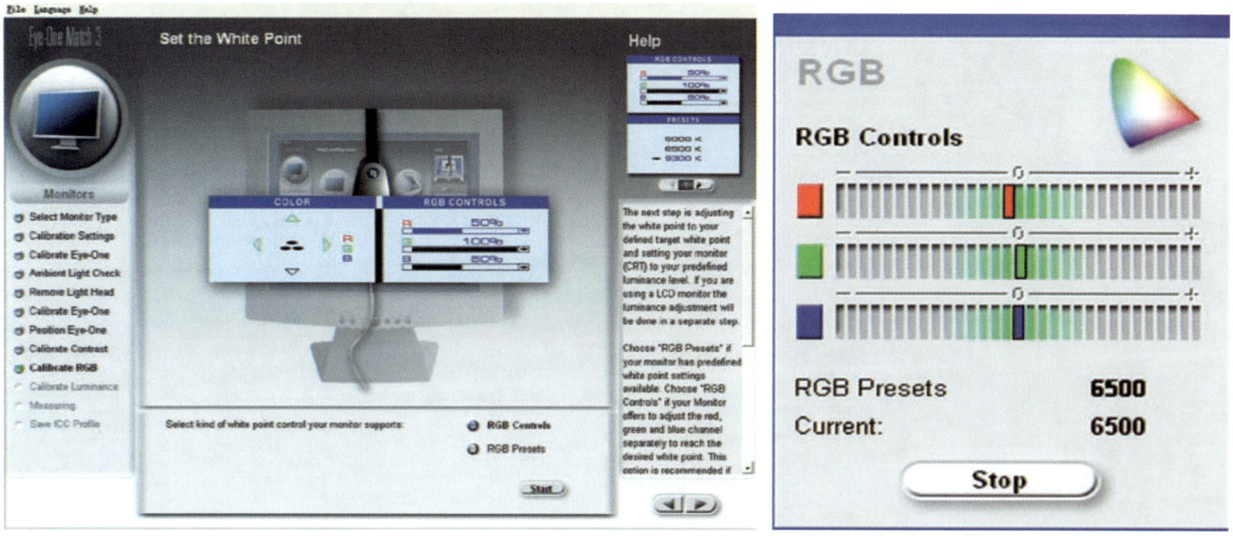

图6-23

⑪显示器亮度值的校准（图6-24）。

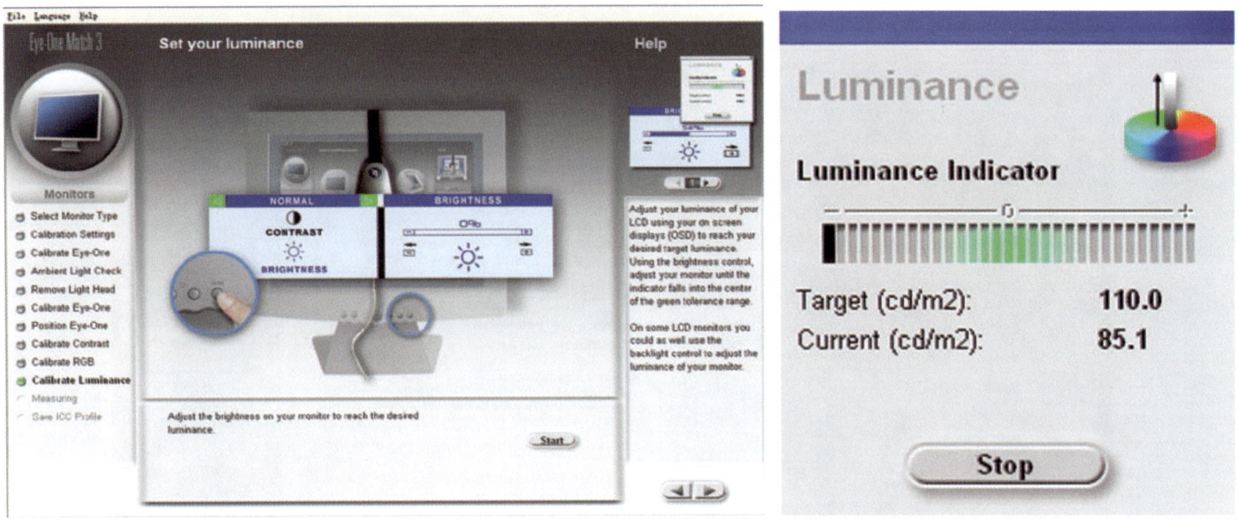

图6-24

a.将显示器的亮度值按提示调整到零；

b.点击Start，增加显示器亮度，达到Target的标准即可。

⑫软件会自动计算色彩，生成显示器的色彩ICC文件（图6-25）。

⑬显示器的色彩ICC文件会自动保存到系统色彩默认的目录中（图6-26）。

图6-25

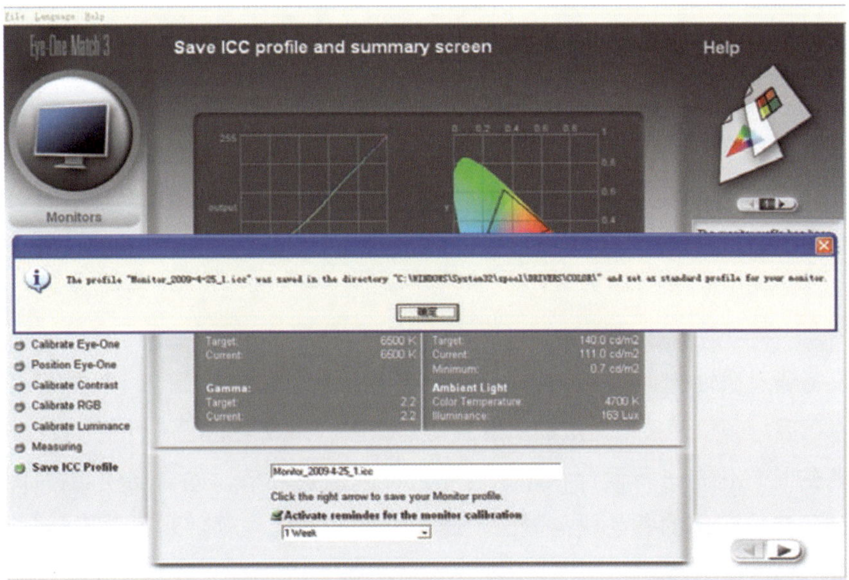

图6-26

⑭我们可以在系统默认的色彩管理中看到新校准出来的色彩ICC文件已经运用于显示器了（图6-27）。

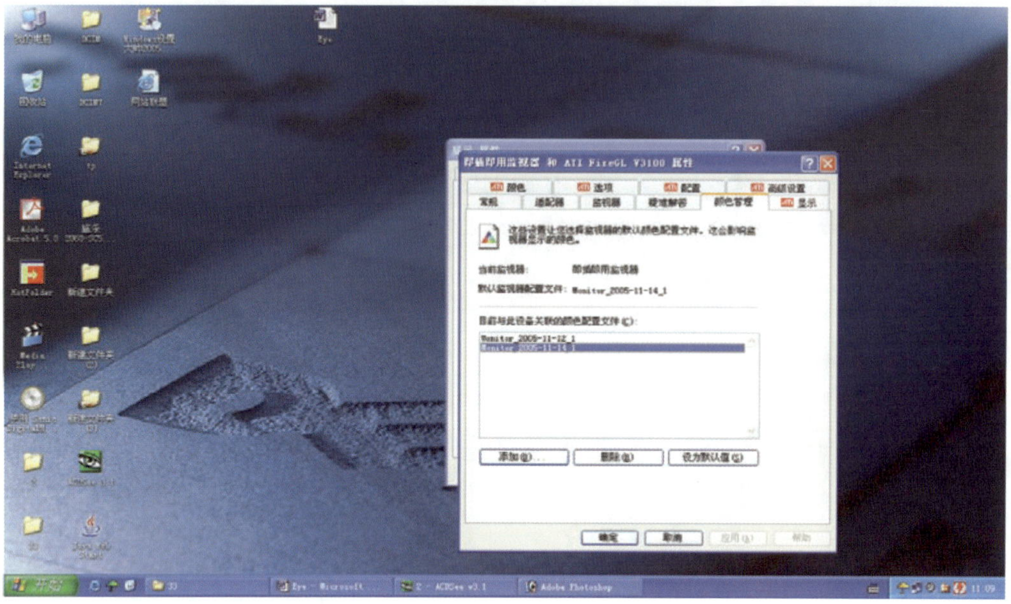

图6-27

6.3 实验三　打印机的色彩管理与实验流程

6.3.1 打印机的类型

（1）喷墨打印机

喷墨打印机由喷墨头、横移机构、电气控制部分和接口电路组成。喷墨头是打印机的核心部分，主要有热气泡式喷墨头和压电式喷墨头。

（2）激光打印机

激光打印头是激光打印机的核心部件，由半导体激光器、扫描转镜、电机和透镜等组成。感光鼓是静电转印部分的核心，由铝管表面敷一层特殊的有机光导体（OPC）材料制成。它可以实现光/电信号的转换。还有喷墨装置、高压电电极、鼓表面清洁等部件。

6.3.2 打印机的校准

数码打印机设备通过线性化功能来完成对设备的校正，其原理是对打印设备的CMYK的层次复制曲线进行调节，从而修正因打印机元件所造成的质量波动，确保打印效果。

数码打印设备的特性化是进行设计和印刷色彩管理的重要环节，先需要使用打印设备输出标准色表，使用Eye-one测量打印出的各色块色彩值，通过专业色彩管理软件对比测量值与色表标准值的关系，建立打印设备的特性化文件。

（1）打印机校正方法

①连接测量仪器。

②打印线性色表。

③测量色表。

④保存线性文件。

（2）注意事项

打印机校准是有一定的有效期的。一旦更换了纸张与墨水等耗材或人为对打印机做了调整，其打印结果都可能出现变化，此时需要对打印设备重新进行校准。打印设备最好使用原厂墨水，因为其他厂商推出的代用墨水较易造成打印头阻塞，这对使用永久性打印头的爱普生彩色喷墨打印机影响最大。不要随便取出墨水盒，若确有需要，也应存放正确，以免墨水被风干。

6.3.3 打印机的特性化

打印机特性化过程：

①在ColorProof中选择“Efi Linearasation”工作流程，打印IT8.7/3色标。

②打开ProfileMaker，选择Printer模块。

③在“Reference Data”的下拉菜单中，选择IT8.7/3色标；在“Measurement Data”的下拉菜单中选择测量仪器码，按顺序测量色块。

④设置参数，单击“开始”按钮，生成打印机Profile文件，保存。

6.3.4 打印机特性文件的应用

（1）标准色表的应用

ISOIT8.7/3是一种电子色表，以TIFF格式存储于光盘。该检测色表总共928个色块，其中，包含182个基本油墨色块和746个扩展油墨色块，每个色块大小为1cm×1cm，分别以CMYK数值存储，可用于Windows，Macintosh和SUN平台上。

（2）Eye-one的应用

在打印产品测试中，Eye-one除了作为测试仪器，还以它原本的色彩管理系统的角色服务于我们的测试工作。利用其测定环境光源的特性，我们还可以考查打印样张的看样环境照度是否达到规定要求，验证我们采用的标准光源系统是否达到色温和显色性要求。

6.3.5 打印机的校准与特性化实验流程

（1）实验器材

①打印机。

②Eye-one校色仪。

③Eye-one标准色表。

（2）实验流程

①开机预热。

②打开色彩管理软件Eye-one Match 3，选取打印机，点击下一步，进行校色及ICC文件的生成（图6-28）。

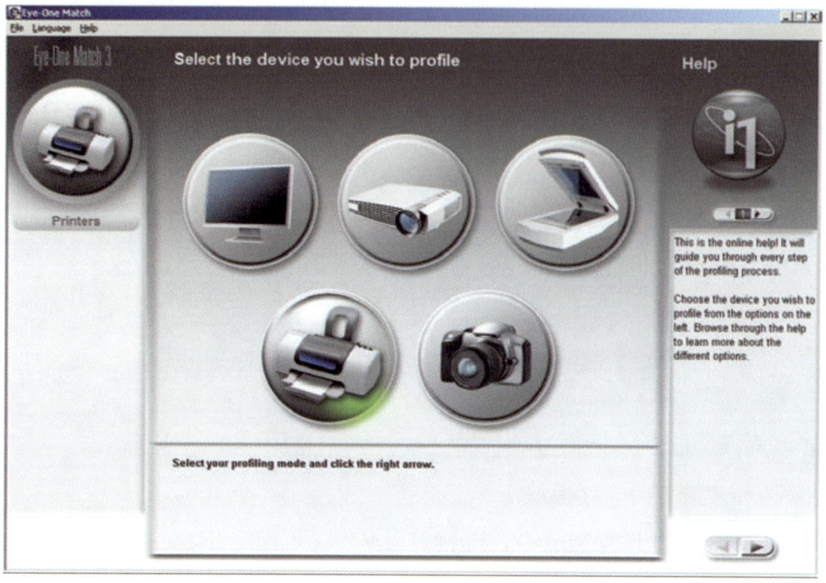

图6-28

③选择打印机的色彩模式和打印的色块密度（图6-29）。

a.确定电脑已经连接打印机；

b.选择需要校准的打印机；

c.选择打印色块的密度，要求密度更高可以选择打印4张色块稿。

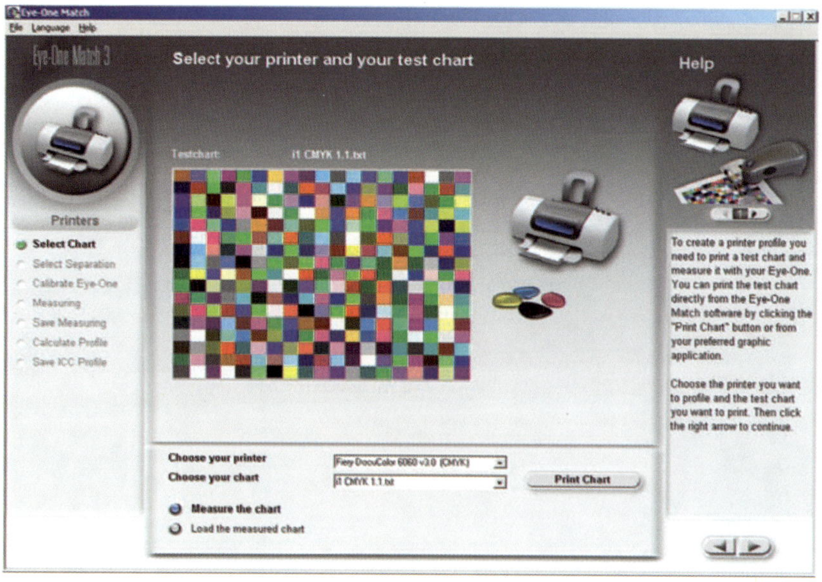

图6-29

④选择其中一个正在校色的打印机的打印模式（图6-30）。

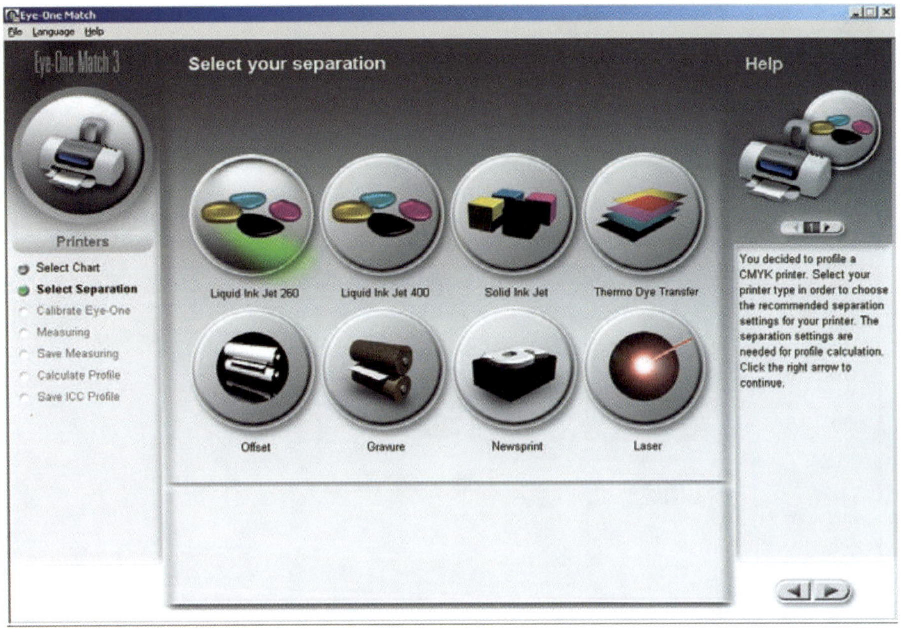

图6-30

⑤Eye-one提取色块（图6-31）。

a.用Eye-one将打印出来的每条色块记录到软件中；

b.按住Eye-one大拇指位置的黑色按钮不放；

c.从有数字的位置以均衡速度一直拉到另一头，然后再松开黑色按钮。

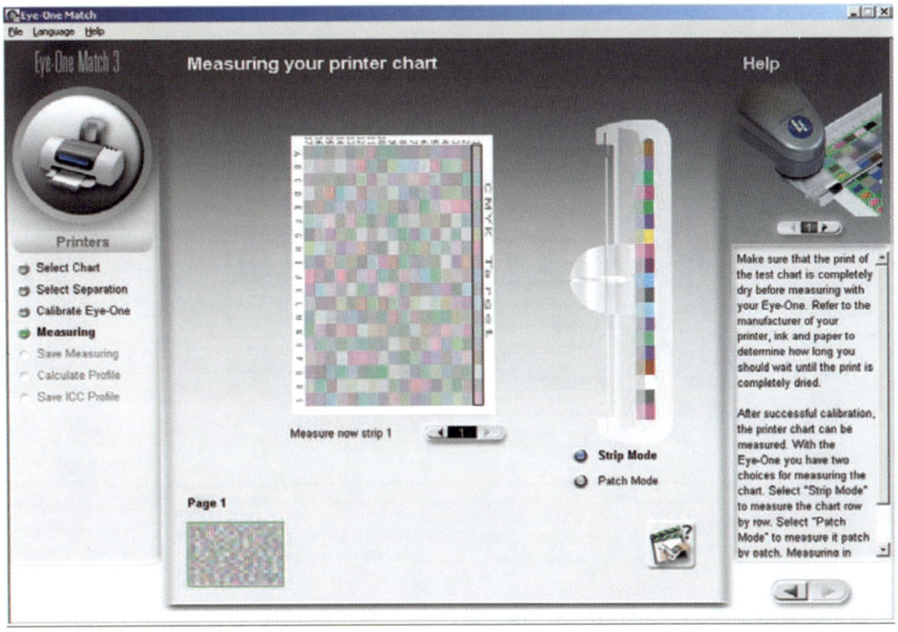

图6-31

⑥软件开始自动生成打印纸张的色彩ICC文件（图6-32）。

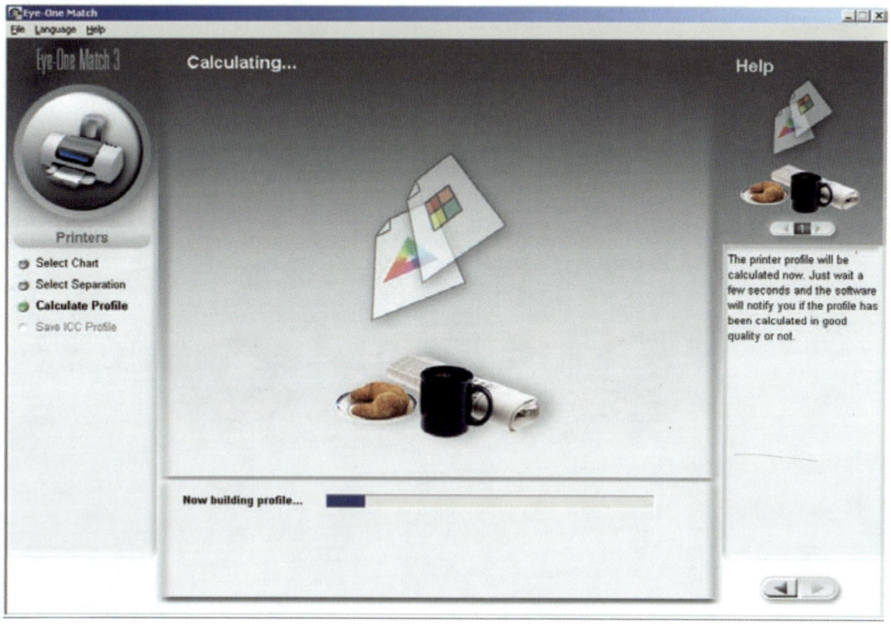

图6-32

⑦保存纸张的色彩ICC文件（图6-33）。

可以保存在系统色彩管理中或者指定位置，以方便调用到设备中。

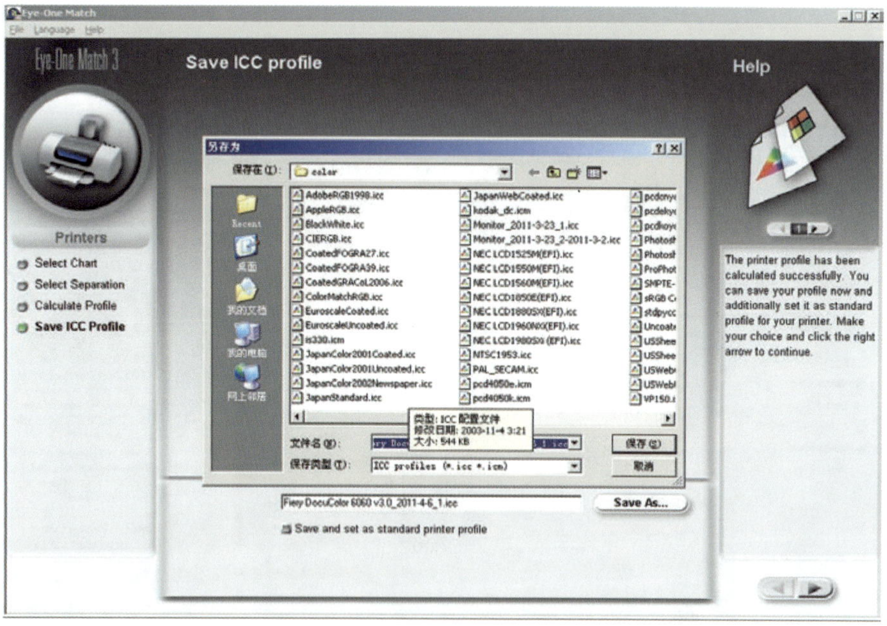

图6-33

注：提取的ICC文件命名后单独保存，添加到不同设备的色彩管理系统中。在设备进行作业时，它能够更好地对色彩进行控制及模拟，以达到色彩统一的效果。

下篇 鉴赏篇

7 作品鉴赏

该作品是用牛皮纸和白卡纸两种不同纸张进行包装设计，通过色彩管理，还原了设计稿所需的朴实效果（图7-1）。

经过ICC色彩曲线校准后，能将打印机的色彩准确度提升，使图片更接近原稿（图7-2）。

使用同一设备但使用不同纸张，效果也不尽相同。经过色彩管理后，打印的包装效果更体现出了设计的要求（图7-3）。

样片人物色彩的真实还原，是设备良好的色彩管理带来的结果（图7-4）。

图7-1　“得力多少”文具系列化包装　学生作品　谢珊　指导老师　黄丹

图7-2　EPSON打印机的打印样张

图7-3　“火宫殿熟食”系列包装　学生作品　扬威　指导老师　汪田明

图7-4　EPSON打印机的打印样张

该包装设计作品应用了不同材质、颜色的纸张。只有对打印设备进行色彩管理，才会使作品的设计意图反映得比较准确（图7-5）。

图7-5　“卖炭翁”竹炭生活用品系列包装　学生作品　李颖　指导老师　漆克

对显示器、打印设备进行色彩管理，才能达到理想的色彩效果。该包装设计图的呈现就较好地体现出了设计者对传统风格色彩的要求（图7-6）。

图7-6　“农家乐”系列化包装　学生作品　刘玲　指导老师　王葆夷

一张静物照片样张，良好的色彩管理使照片真实诱人（图7-7）。

色彩管理使自然光下拍摄的亮调的学生作品表现得比较清雅（图7-8）。

图7-7　EPSON打印机的打印样张

图7-8　“素语自然”复合花茶包装　学生　徐来　指导老师　李成

样张通过色彩管理的调整，使不同对象、不同灯光拍摄下的照片都能反映出真实的色彩（图7-9）。

该作品是在灯光下拍摄的一幅照片，通过对相机、电脑显示屏等设备的色彩管理，能使具有温馨感的照片还原得比较准确（图7-10）。

图7-9　诺宝数码打样的测试样张

图7-10　“魏氏皮影”包装　学生作品　李莎　指导老师　杨艳平　刘毅

色彩管理能使图片人物色彩准确度提升，更接近原稿（图7-11）。

图7-11　EPSON打印机的打印样张

参考文献 References

[1] 田全慧. 印刷色彩管理. 北京： 印刷工业出版社，2003.2

[2] 田全慧. 色彩管理技术. 北京：中国劳动社会保障出版社，2006.8

[3] 李东. 计算机图形学实用教程. 北京：人民邮电出版社，2004.1

[4] 张桂兰. 扫描仪实用指南. 北京：印刷工业出版社，2007.3

[5] 司占军. 平面设计与印前工艺. 北京：印刷工业出版社，2009.7

[6] 李振华. 美术设计师完全手册. 北京：清华大学出版社，2006.5

Postscript 后记

实验课是艺术设计专业课程中重要的组成部分，是一门在理论知识与实践应用之间起桥梁作用的课程。因此，实验课的开展与重视，对艺术设计的教与学来说显得尤为必要。

本实验教材包括了“色彩管理实验”“扫描仪实验”两个方面内容。教材分别从原理、性能以及如何有效实验等理论、实验操作步骤上，进行了详细的讲述。

色彩管理实验内容解决了设计稿的表现问题，从输入设备的相机、扫描仪、显示器，到输出设备的打印机、印刷机，这些都能使设计色彩表达形成一致性，即常说的“所见即所得”。

扫描仪实验内容重点讲述了专业滚筒扫描仪，并针对不同的稿源进行分析与操作，解决了通过滚筒扫描仪如何获取高质量的图像材料以应用于印刷的问题。

通过本实验的教学，学生不仅在理论上同时在设计应用的操作上都将有较大的收获，能为其今后的艺术设计表现与应用打下良好的基础。

本书的编写得到了湖南工业大学包装设计艺术学院汪田明院长等各级领导的重视，在他们的大力支持与关注下才得以顺利完成；同时，编写的过程中也得到了我院实验室老师尤其是宣兆老师的诸多帮助，在此表示诚挚的谢意！当然，我的研究生汤振凡、夏桂英、鲍莹莹、郭翠敏四位同学，我也要特别表示感谢，他们的协助对本书的完成起了关键作用。

本教材的理论基础得益于相关专家的理论研究，在此也对他们深表感谢！

杨艳平

2011.12